建设工程施工安全资料收集整理指南

成都市建设工程施工安全监督站　主编

西南交通大学出版社

·成都·

图书在版编目（ＣＩＰ）数据

建设工程施工安全资料收集整理指南／成都市建设
工程施工安全监督站主编. —成都：西南交通大学出版
社，2015.1
ISBN 978-7-5643-3609-7

Ⅰ. ①建… Ⅱ. ①成… Ⅲ. ①建筑工程－工程施工－
安全生产－技术档案－档案管理－指南　Ⅳ.
①TU714-62②G275.3-62

中国版本图书馆 CIP 数据核字（2014）第 303693 号

建设工程施工安全资料收集整理指南
成都市建设工程施工安全监督站　主编

责任编辑　曾荣兵
装帧设计　墨创文化

西南交通大学出版社出版发行　（028-87600564　028-87600533）

社址　四川省成都市金牛区交大路146号（610031）
网址　http://www.xnjdcbs.com
印刷　四川五洲彩印有限责任公司

成品尺寸　210 mm×285 mm　　印张　17.75　　字数　534千
2015年1月第1版　　2015年1月第1次
ISBN 978-7-5643-3609-7　　定价　90.00元

《建设工程施工安全资料收集整理指南》
编 委 会

主编单位： 成都市建设工程施工安全监督站

参编单位： 成都大学城乡建设学院

成都金品茗科技有限公司

杭州品茗科技有限公司

执 行 主 编： 卫 维　余 安

执行副主编： 陈家利　付修华

参 编 人 员： 李文渊　杨 华　敖 彬　李金伟

前　言

　　建设工程施工安全生产资料是施工现场各方责任主体履行安全生产职责行为的体现和鉴证记录，是各级安全生产监督管理部门和行业主管部门行政执法检查时必查的重要内容之一，也是施工现场各方责任主体安全生产自我检查、自我完善的重要内容之一。它客观地反映了各方责任主体在施工过程中对各类从业人员的培训教育状况，安全文明施工投入状况，施工现场各类机械设备、安全设施、劳动保护用品、材料构配件的安全管理状况，施工安全技术保障措施、国家安全生产方针政策以及有关施工安全的技术标准、规范、规程的贯彻落实情况，为建设工程施工安全生产的目标管理、安全生产事故调查、各类评优及评先等活动提供了可追溯的原始资料。

　　为规范本市建设工程施工现场安全生产资料的收集、整理，根据相关规定、标准、规范、规程和本市建设工程安全生产管理要求，我们组织相关专业人员编写了这本《建设工程施工安全生产资料收集整理指南》（以下简称《指南》）。为方便大家理解和使用，本《指南》收集整理了施工现场各方责任主体应收集整理并归档管理的各类安全生产资料，提供了常用的参考表格和资料样本及说明。

　　本指南主要内容包括：安全生产资料管理、安全生产资料分类与整理、建设单位资料管理、监理单位资料管理、施工单位资料管理、安全监督相关资料及其他，共计七章，并附建设单位、监理单位和施工单位、施工现场安全生产资料参考用表。

　　本《指南》适用于成都地区所有施工现场各方责任主体安全资料的收集、整理、归档管理，可配合"成都建设工程施工安全管理资料软件"使用。

　　本《指南》在编写过程中可能存在不足和遗漏，敬请各位批评指正，我们将根据反馈意见和建议及时进行升级更正。

编　者

2014.12.01

目　录

第一章　安全生产资料管理

一、安全管理资料概述

施工现场安全管理资料是指建设工程各方责任主体在工程建设工程中为加强安全生产和文明施工管理所形成的各种形式的信息记录，包括纸质文件和各种电子文件（如文字记录、图纸、图表、录音、录像、电子签证）等各种形式的历史记录。

纸质文件是在工程建设过程中形成的、以纸质为载体的各种形式的记录，如三级教育、安全技术交底、会议纪要、施工组织设计、各专项方案、各检查验收记录等。

电子文件是指在工程建设过程中通过数字设备及环境生成，以数码形式存储于磁带、磁盘或光盘等载体，依赖计算机等数字设备阅读、处理，并可在通信网络上传送的文件。

施工安全和文明施工有关的重要活动、主要过程和现状中具有保存价值的各种载体的文件，均应收集齐全、整理立卷后存入"施工安全管理资料"。

安全管理资料是工程项目施工管理的重要组成部分，是预防安全生产事故和提高文明施工管理的有效措施之一；是各方责任主体履行安全生产职责行为的体现和鉴证记录，也是各方责任主体安全生产自我检查、自我完善的反映；是进行安全生产事故调查时还原安全生产事故原因的可追溯原始资料。

二、安全生产管理资料的特点

安全生产管理资料具有以下特点：

（1）动态性。施工现场安全生产管理是一个动态的过程，安全生产管理资料应是随着工程的进程不断形成的。因此它具有动态性。

（2）及时性。根据《建设工程文件归档规范》及《建设工程施工现场安全资料管理规程》的要求，施工现场安全管理资料是与施工进度同步形成的，必须及时收集整理。

（3）真实性。施工现场安全管理资料是各方责任主体履行安全生产职责行为、工程安全实体防护的真实反映。不得任意修改或涂改、造假。

（4）可追溯性。施工现场安全管理是各管理部门调查安全生产事故，查明事故原因的重要资料。通过安全管理资料可追溯整个施工过程中各方责任主体履行安全生产职责行为的状况，因此它要求具有可追溯性。

（5）临时性。施工现场安全管理资料是随工程建设进度而形成的，其安全管理资料的收集整理随工程结束而终止。根据相关规范规定，属于短期保管的资料，参考保存期限在10年以下。因此它具有临时性。

第二章　安全生产资料分类与整理

一、施工现场安全管理资料的分类

施工现场安全管理资料分为：

（1）建设单位安全生产管理资料。

（2）监理单位安全生产管理资料。

（3）施工单位安全生产管理资料。

（4）其他各方责任主体安全生产管理资料资料（如勘察、设计、租赁、材料供应等）。要求各方责任主体按照一定原则，对相关资料进行挑选、分类、组合，形成安全生产管理资料。

二、归档文件及组卷质量要求

1. 纸质文件归档质量要求

归档安全管理资料纸质文件应为原件。当因故不能收存原纸质文件时，可收存复印件，复印件上应注明原件的存放位置，加盖原件存放处单位公章，由经办人签字并注明日期。

安全管理资料的内容及其深度应符合国家现行有关工程建设、安全生产等的标准、规范、规程以及有关规范性文件的规定。

安全管理资料的纸质文件材料幅面尺寸规格宜为 A4 幅面（297 mm×210 mm）。图纸宜采用国家标准图幅

安全管理资料的纸质文件应采用碳素墨水、蓝黑墨水等耐久性强的书写材料，不得使用红色墨水、纯蓝墨水、圆珠笔、复写纸、铅笔等易褪色的书写材料。计算机输出文字和图件应使用激光打印机，不应使用色带式打印机、水性墨打印机和热敏打印机。

安全管理资料的签字应清晰，签字盖章等手续齐全，由计算机软件（成都建设工程施工安全管理资料软件）形成的资料可打印、手写签名。

每卷资料排列顺序为封面、目录、资料及封底。封面上的信息应包括工程名称、案卷名称、编制单位、编制人员及编制日期。案卷页号应以独立卷为单位顺序编写。

2. 电子文件归档质量要求

脱机存储电子档案的载体应采用一次写光盘、磁带、可擦写光盘、硬磁盘等。光盘不应有磨损、划伤。

短期保存的电子档案可使用：移动硬盘、U盘、软磁盘等。存储移交电子档案的载体应经过检测，应无病毒、无数据读写故障，并应确保接收方能通过适当设备读出数据。

归档的建设工程电子文件应采用表 2.1 所列开放式文件格式或通用格式进行存储。专用软件产生的非通用格式的电子文件应转换成通用格式。

表 2.1 文件通用格式

文件类别	通用格式
文本文件	XML、DOC、TXT、RTF、PDF
表格文件	XLS、ET
图像文件	JPEG、TIFF
图形文件	DWG
影像文件	MPEG、AVI
声音文件	WAV、MP3

建设工程安全管理的电子文件形成、收集、积累、整理和归档应符合《建设工程文件归档规范》（GBT 50328—2014）、《建设电子文件与电子档案管理规范》的规定。建设工程安全管理的电子文件的内容、结构和背景信息等与形成时的原始状况必须一致，并应包含元数据，保证文件的完整性和有效性。归档的建设工程电子文件应采用电子签名等手段，其内容必须与其纸质档案一致。

注：元数据是描述建设工程安全管理的电子文件原件背景、内容、结构及其整个管理过程的结构化或半结构化的数据。

第三章　建设单位资料管理

一、施工合同、协议管理与施工许可证办理

1. 合同管理

（1）成都市建设工程施工合同备案受理登记表。

根据《关于进一步加强建筑市场监管工作的意见》（建市〔2011〕86号）中第三条"加强合同管理，规范合同履约行为：（八）推行合同备案制度"的要求：合同双方要按照有关规定，将合同报项目所在地建设主管部门备案，可参考表3.1。工程项目的规模标准、使用功能、结构形式、基础处理等方面发生重大变更的，合同双方要及时签订变更协议并报送原备案机关备案，在解决合同争议时，应当以备案合同为依据。对于建设单位直接发包的专业承包工程，发包方应到合同备案管理机构进行登记（参考表3.2）。

表 3.1　成都市建设工程施工合同备案受理登记表

项目卡号：

工程名称					
建设地址					
建设规模	建筑层数	层	构筑物高度		m
投资性质			发包形式		
发包人			法定代表人		
承包人			法定代表人		
承包人施工承包资质					
中标价（万元）					
合同价（万元）					
需提交的施工合同备案资料： 1. 中标通知书（复印件1份）； 2. 建设工程施工合同（原件5份），法定代表人授权签订合同的，还应提交法定代表人授权委托书（原件1份）； 3. 安全文明施工措施费支付协议（原件5份）； 4. 民工工资支付协议（原件5份）； 5. 其他。					
报送单位（盖章）		报送人			
		联系电话			

注：报送单位应根据建设工程情况如实填写表中内容，并将此表及施工合同备案资料交工作人员进行备案。

表 3.2　成都市建设工程专业承包合同备案受理登记表

工程名称						
建设地址						
建设规模		建筑层数	层	构筑物高度		m
建设单位				法定代表人		
专业承包人				法定代表人		
专业承包人资质			安全生产许可证号			
分包中标价（万元）						
分包合同价（万元）						
需提交的施工分包合同备案资料： 1. 专业承包分包合同（协议书）（原件 5 份），法定代表人授权签订合同的，还应提交法定代表人授权委托书（原件 1 份）； 2. 专业承包人资质证书； 3. 专业承包人安全生产许可证； 4.《成都市建设工程施工合同备案表》（复印件 1 份）。						
报送单位（盖章）				报送人		
				联系电话		

注：报送单位（发包人）应根据建设工程情况如实填写表内内容，并将此表及施工专业承包合同备案资料交工作
　　人员进行备案。

（2）施工场地治安管理计划及预案。

根据《建设工程施工合同示范文本》（GF—2013—0201）通用条款 6.1.4 治安保卫要求：除专用合同条款另有约定外，发包人应与当地公安部门协商，在现场建立治安管理机构或联防组织，统一管理施工场地的治安保卫事项，履行合同工程的治安保卫职责。发包人和承包人应在工程开工后 7 天内共同编制施工场地治安管理计划，并制定应对突发治安事件的紧急预案。在工程施工过程中，发生暴乱、爆炸等恐怖事件以及群殴、械斗等群体性突发治安事件的，发包人和承包人应立即向当地政府报告。发包人和承包人应积极协助当地有关部门采取措施平息事态，防止事态扩大，尽量避免人员伤亡和财产损失。

（3）施工现场物业化管理合同。

根据《成都市建设委员会关于在我市中心城区建筑和市政基础设施项目施工现场实施物业化管理的通知》（成建委发〔2010〕487 号）、《成都市房屋建筑和市政基础设施工程施工安全监督管理规定》（成都市人民政府令 174 号）第五条要求：施工现场应实行物业化管理，由建设单位负责，通过成立专门的物业化管理机构委托相关单位具体实施。物业化管理机构应参照《成都市建筑施工现场监督管理规定》、《成都市城市扬尘污染防治管理暂行规定》、《成都市房屋建筑和市政基础设施工程施工现场管理暂行标准（环境和卫生）》等规定，制定物业化管理制度和实施细则，签订物业化管理合同，范文如下：

×××工程施工现场管理化管理合同

甲方：_____

乙方：_____

   ××××× ××××× ××××× ××××× ×××××××××× ××××××× ××× ×× ×××××××   ××× ××××× ××××× ××××× ×××××× ××× ××× ××××× ××× ×× ×××××××。

一、工程项目概况：

二、合同范围：本工程管理化管理主要内容：

（一）出入口区域：

（二）生活区、办公区：

（三）围挡围墙外周边区域：

三、甲、乙双方职责：

四、服务质量要求

五、合同单价及付款方式

六、未尽事宜、甲乙双方另行协调解决

七、协议书效力

甲方：（签章）   乙方：（签章）

甲方代表：   乙方代表：

签订日期：   签订日期：

　　根据《成都市建设委员会关于在我市中心城区建筑和市政基础设施项目施工现场实施物业化管理的通知》(成建委发〔2010〕487号)"四、施工现场物业化管理实施单位，必须设置固定办公地点，制定物业管理制度，编写专项工作方案，设立巡查制度；配备专职物业管理人员，并佩戴工作挂牌上岗，加强每日检查，记录存档"，范文如下：

×××物业公司×××项目部职责及管理制度

　　×××物业公司对×××项目部实行物业化管理，成立以　　　　为组长，　　　　　　为组员的物业化管理机构。

　　一、各岗位职责（略）

　　二、各规章制度（略）

2. 施工现场统一管理协议

　　根据《关于进一步加强建筑市场监管工作的意见》(建市〔2011〕86号)第四条规定：建设单位依法直接发包的专业工程，建设单位、专业承包单位要与施工总承包单位签订"施工现场统一管理协议"，明确各方的责任、权利、义务。《建设工程施工合同示范文本》(GF—2013—0201)通用条款第2.8条要求：施工现场统一管理协议作为专用合同条款的附件。

3. 施工许可证办理

　　根据《中华人民共和国建筑法》第七条、《建筑工程施工许可管理办法》(建设部^注令91号)第二条要求：建筑工程开工前，建设单位应当按照国家有关规定向工程所在地县级以上人民政府建设行政主管部门申请领取施工许可证，限额以下小型工程除外（工程投资额在30万元以下或者建筑面积在300 m² 以下的建筑工程）。《成都市建筑施工现场监督管理规定》第七条"建设单位依法办理'建筑施工许可证'后，方可施工"，参阅图3.1。

　　注：2008年3月15日，根据十一届全国人大一次会议通过的国务院机构改革方案，将"中华人民共和国建设部"
　　　　（简称建设部）改为"中华人民共和国住房和城乡建设部"（简称住建部）。本书中，2008年3月15日之前称
　　　　建设部，之后称住建部。

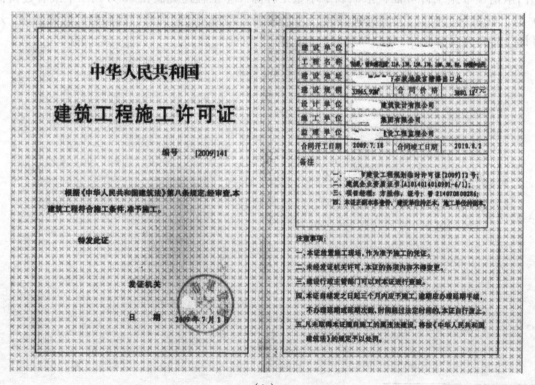

（a）

（b）

图 3.1　建筑施工许可证

（1）成都市建设工程总平（土方开挖）施工登记表。

根据《成都市城乡建设委员会关于进一步加强建设工程土方开挖及总平面施工扬尘整治的通知》（成建委〔2012〕474号）的要求，建设单位应牵头成立施工扬尘整治机构，将土方开挖或总平面施工单位的资质、人员名册、联系电话、扬尘整治措施报各级建设安全监督机构备查，可参考表 3.3。其资料包括：① 成都市建设工程总平（土方开挖）施工登记表；② 总平（土方开挖）施工合同首尾页；③ 文明施工管理人员名单；④ 文明施工、扬尘治理制度；⑤ 施工总平面布置图。在施工过程中，要严格执行我市建筑工地扬尘整治的有关规定，实施物业化管理，落实防尘、降噪措施，做好施工现场的文明施工和扬尘整治工作。

表 3.3　成都市建设工程总平（土方开挖）施工登记表

工程名称		安监编号	
建设单位项目负责人		联系电话	
监理单位负责人		联系电话	
总包单位项目经理		联系电话	
分包单位项目负责人		联系电话	
文明施工要求： 1. 在施工现场大门外的围墙或围挡明显位置处悬挂"五牌一图"。 2. 施工现场大门应为封闭式大门，出入口应设置减速带、高压冲洗设备；大门内侧设置截水沟，铺设条形水篦子，设置三级沉淀池及配备专职保洁人员。 3. 施工现场必须封闭打围，并保持围墙或围挡整洁、美观。如果原有围挡拆除或破损，须重新进行打围作业。围墙高度不小于 2.5 m，材料为轻型固定式平面彩钢板。 4. 主干道须设置夜间警示灯，施工期间严禁随意开设出入口。 5. 现场堆放的裸土、沙石材料须进行覆盖；建渣、垃圾等必须集中堆放并覆盖；石材、面砖等材料在加工时，现场须设置专用防尘加工区。 6. 施工过程中现场须湿法作业，严禁抛撒建渣及现场焚烧废弃物。 违规处罚： 1. 对违反《成都市城乡建设委员会关于进一步加强建设工程土方开挖及总平面施工扬尘整治的通知》及文明施工扬尘防治有关法律、法规的建设项目，将对建设、监理、施工单位进行处罚，并约谈建设、监理、施工企业公司负责人。 2. 因媒体曝光造成严重社会影响的施工项目不得参加"成都市优质结构工程"和"成都市安全文明工地"评选；已评选的，予以取消。对相关责任单位作不良信息录入成都市政府项目招投标的准入前置条件。			
监督人员		登记时间	

（2）施工许可证申领。

建设单位申请施工许可证时须具备的资料如下：

① 安全生产监督备案表。

根据《建筑工程施工许可管理办法》（建设部令 91 号）第四条"建设单位申请领取施工许可证，应当具备下列条件，并提交相应的证明文件：（六）有保证工程质量和安全的具体措施。施工企业编制的施工组织设计中有根据建筑工程特点制定的相应质量、安全技术措施，专业性较强的工程项目编制了专项质量、安全施工组织设计，并按照规定办理了工程质量、安全监督手续"和《建筑工程安全生产监督管理工作导则》（建质〔2005〕184 号）"6. 对建设、勘察、设计和其他单位的安全生产监督管理：6.1.1 申领施工许可证时，提供建筑工程有关安全施工措施资料的情况；按规定办理工程质量和安全监督手续的情况"，填表具体内容可参考表 3.4。

表3.4　建筑施工现场安全监督备案表

备案编号				备案日期		
中标编号				项目卡号		
工程名称						
工程地址						
工程造价		结构层数		建筑面积		
基础类型及深度		脚手架种类及架体高度				
建设单位				现场代表	姓名	
					电话	
监理单位				项目总监	姓名	
					电话	
施工单位				安全生产许可证书号		
项目经理	姓名	安全生产能力考核证书号	电话	安全员	姓名	安全生产能力考核证书号
安全工程师						
开工日期				竣工日期		
经办人		联系电话				
备注						

本表一式四份，建设单位、监理单位、施工单位、安监部门各持一份，并加盖建设单位、施工单位、监理单位公章。

② 施工现场及毗邻区域内地下管线、建（构）筑物、地下工程的有关资料移交清单。

《中华人民共和国建筑法》第四十条要求：建设单位应当向建筑施工企业提供与施工现场相关的地下管线资料，建筑施工企业应当采取措施加以保护。《建设工程安全生产管理条例》 第二章第六条及《四川省建筑施工现场安全检查暂行办法》（川建发〔2006〕151）第十九条要求：建设单位在施工准备阶段应当向施工单位提供施工现场及毗邻区域内供水、排水、供电、供气、供热、通信、广播电视等地下管线资料，气象和水文观测资料，相邻建筑物与构筑物、地下工程的有关资料，并保证资料真实、准确、可靠。可参考表3.5。

表 3.5　施工现场及毗邻区域内有关资料的交接证明材料表一览表

序号	材料名称		份　数	备　　注
1	给水管线			
2	排水	污水管线		
		雨水管线		
		雨污合流管线		
3	燃气	煤气管线		
		液化气管线		
		天然气管线		
4	工业	乙炔管线		
		石油管线		
5	热力	蒸汽管线		
		热水管线		
6	电力	供电管线		
		路灯管线		
		电车管线		
		交通信号管线		
7	电信	电话管线		
		广播管线		
		有线电视管线		
		光纤管线		
8	建筑物			
	构筑物			
	地下工程			

查明资料情况： 　　　　　　　　　建设单位（公章） 现场代表：　　　　年　　月　　日	资料交接情况： 　　　　　　　　　施工单位（公章） 项目经理：　　　　年　　月　　日

注：本表一式四份，由建设单位负责施工现场及毗邻区域地下管线、相邻建筑物与构筑物、地下工程、水文地质情况调查，可委托具有相应资质的专业单位进行。建设单位、监理单位、施工单位、安监站各持一份，并加盖建设单位、施工单位公章。

③ 建筑基坑毗邻建筑物现状调查表。

根据《成都市建筑工程深基坑施工管理办法》（成建发〔2009〕494 号）第六条、《成都市房屋建筑和市政基础设施工程施工安全监督管理规定》（成都市人民政府令第 174 号）要求：建设单位应对深基坑开挖区边线外开挖深度 2 倍范围内的建（构）筑物、道路、地面及地下管线等状况进行调查，绘制平面和剖面位置图（施工现场收存），并将调查资料及位置图及时提供给勘察、设计、施工、监理和监测单位，根据需要采取相应的监测、加固、防护、隔离、迁改、拆除或其他安全措施。建设单位对所提供资料的真实性、完整性负责。可参考表 3.6。

表 3.6　建筑基坑毗邻建筑物现状调查表

项目名称：　　　　　　　　　　　　　　　　　　　　　　　　项目地址：

被调查建筑物名称			调查时间	
使用单位或住户				
建筑物概况	总层数	地上　　　层 地下　　　层	单元数量　　　个	总户数
	结构体系	□框架 □框架-剪力墙 □剪力墙 □砖砌体结构 □内框架砌体结构 □钢结构 □其他		
	地基基础	□天然地基　　□复合地基　　□人工挖孔桩基础　　□钻孔桩基础 □锤击灌注桩基础　□预应力管桩基础 □不明		
调查点位描述				
现状检查情况	内外地面	□新近发现裂缝 部位：	□裂缝宽度大于 3 mm 部位：	□有轻微裂缝但无发展迹象 部位：
	承重结构			
	围护结构	□新近发现裂缝 部位：	□裂缝宽度大于 3 mm 部位：	□有轻微裂缝但无发展迹象 部位：
	门窗洞口	□新近发现裂缝 部位：	□裂缝宽度大于 3 mm 部位：	□有轻微裂缝但无发展迹象 部位：
	其他情况			
检查人员 （签名）		年　　月　　日	使用单位代表或住户 （签名）	年　　月　　日
备　　注				

④ 成都市建设工程施工现场开工安全生产条件自查表。

《四川省建筑施工现场安全检查暂行办法》（川建发〔2006〕151）第十一条要求：建设工程办理安全生产监督备案手续后，应由建设单位组织监理单位、施工单位进行安全生产条件自查，符合安全生产条件后，共同签署自查意见，向建设工程安全监督机构申请施工现场安全生产条件现场勘验。可参考表 3.7。

表 3.7　成都市建设工程施工现场开工安全生产条件自查表

安监编号：_____

工程名称：_____　工程地址：_____

序号	自查项目名称	自查结论
1	施工单位已制定建设工程施工现场施工安全生产责任制；已建立健全各项安全生产规章制度和操作规程；已签订文明施工责任书；安全管理机构人员已到位	
2	施工单位已结合工程结构特点编制了有针对性的施工组织设计和专项施工方案并按规定程序审批、论证完毕	
3	施工单位已针对建设工程特点编制安全生产事故应急预案	
4	施工现场临时用电符合规范要求	
5	施工现场已设置了高度不低于 2.0 m、厚度不小于 0.24 m 的实体材料围墙或装配式彩钢板围挡，打围严密。已悬挂尺寸为 1.4 m×0.9 m 的"五牌一图"。已悬挂尺寸为 1.2 m×1.5 m 的"重大危险点源公示牌"	
	施工现场已设置了防锈铁花大门；进出口地坪和主要道路已经采用砼或沥青砼硬化；冲洗设备、污水沉淀池已配备完成；大门出入口及道路通行区、材料堆放区、材料加工区已设置黄线	
	施工现场"三通一平"已完成。工作区域和生活区域分开设置，并保持一定的安全距离。民工宿舍、食堂、厕所、浴室及夜校均已建成并能投入使用，且符合相关规范标准的要求	

自查意见：	自查意见：	自查意见：
施工单位（公章） 项目经理： 　　　　年 月 日	监理单位（公章） 项目总监： 　　　　年 月 日	建设单位（公章） 现场代表： 　　　　年 月 日

注：本表依据《四川省建筑施工现场安全检查暂行办法》（川建发〔2006〕151 号）的要求，一式四份，施工单位、监理单位、建设单位、市安监站各执一份。

二、安全管理机构、人员及制度

从事生产经营活动的建设单位必须遵守《中华人民共和国安全生产法》和其他有关安全生产的法律、法规，加强安全生产管理，建立健全安全生产责任制度，完善安全生产条件，确保安全生产。

根据《成都市房屋建筑和市政基础设施工程施工安全监督管理规定》（成都市人民政府令 174 号）第五条要求：建设单位应成立施工现场安全、文明施工管理机构（见下列范文），制定安全、文明施工管理制度及考核办法，定期组织相关单位开展安全、文明施工检查，及时督促、组织相关单位消除安全隐患，并对多个施工单位同时作业的工程项目安全、文明施工进行综合协调；对施工现场扬尘整治实施物业化管理，并对施工现场扬尘整治负总责。不具备安全生产管理能力的建设单位，应当委托具备施工现场安全管理能力的专门为安全生产提供技术服务的中介机构代行管理。建设单位必须在施工现场成立与工程规模相适应的安全管理机构或指派专人负责，对施工现场进行统一协调管理。

×××项目安全、文明施工管理组织机构

工程项目负责人：

工程安全、文明施工负责人：

现场代表：

单位（盖章）

×××（建设单位）安全管理制度

1. 建设单位安全管理责任制度（具体内容略）

2. 保证安全防护、文明施工措施费用投入制度（具体内容略）

3. 安全文明施工、扬尘整治管理工作制度、检查制度（具体内容略）

4. 对重大隐患的跟踪消除督促制度（具体内容略）

单位（盖章）

三、安全防护、文明施工措施费

1. 安全文明施工措施费拨付协议

根据《建筑工程安全防护、文明施工措施费用及使用管理规定》（建办〔2005〕89 号）第七条、《四川省建设工程安全文明施工费计价管理办法》（川建发〔2011〕6 号）第十二条要求：发包人与承包人应当在施工合同中明确安全文明施工费总费用以及费用预付计划、支付计划、使用要求、调整方式等条款。建设单位与施工单位在施工合同中对安全防护、文明施工措施费用预付、支付计划未作约定或约定不明，且合同工期在一年以内的，建设单位预付安全防护、文明施工措施费用不得低于基本费的 70%；合同工期在一年以上的（含一年），预付安全防护、文明施工措施费用不得低于基本费的 50%，其余费用应当依据施工进度按合同约定支付。实行工程总承包的，总承包单位依法将工程分包给其他单位的，总承包单位与分包单位应当在分包合同中国明确安全文明施工费用由总承包单位统一管理。安全文明施工措施由分包单位实施的，由分包单位提出专项安全文明施工措施方案，报总承包单位批

准后实施并由总承包单位支付所需费用。施工合同备案时，施工合同备案管理机构要查看施工合同中是否明确约定了安全文明施工费预付计划、支付计划、使用要求、调整方式等。合同中未明确的，施工合同备案管理机构不予备案。根据《建筑工程安全防护、文明施工措施费用及使用管理规定》（建办〔2005〕89号）第八条、《四川省建设工程安全文明施工费计价管理办法》（川建发〔2011〕6号）第十四条要求：建设单位申请领取施工许可证时，应当将施工合同中约定的安全防护、文明施工措施费用支付计划作为保证工程安全的具体措施提交建设行政主管部门。未提交的，建设行政主管部门不予核发施工许可证。可参考表3.8。

表 3.8　安全文明施工措施费拨付协议

发包人		承包人	
工程名称		合同工期	
安全防护、文明施工措施总费用			
工程开工前，发包人预付的安全防护、文明施工措施费		预付时间	
按合同支付形式支付的工程进度款		支付时间	
安全防护、文明施工措施费的使用要求			
安全防护、文明施工措施费的调整方式			
发包人直接发包纳入总包工程现场评价范围的专业工程，发包人支付总承包单位的安全文明施工费用		预计支付时间	
备注：合同工期一年内，发包人预付安全文明施工措施费不得低于基本费的70%；合同工期一年以上的（含一年），预付安全文明施工措施费不得低于基本费的50%			

注：请参阅《建筑工程安全防护、文明施工措施费用及使用管理规定》（建办〔2005〕89号）、《四川省建设工程安全文明施工费计价管理办法》（川建发〔2011〕6号）。

2. 建设单位拨付安全文明施工措施费银行凭证

"建设单位拨付安全文明施工措施费银行凭证"的具体填写内容可参考表3.9。

表 3.9   建设单位拨付安全文明施工措施费银行凭证

发包方（盖章） 法定代表人： 委托代理人： 单位地址： 开户银行： 账号： 电话： 邮政编码： 　　　　　　年　月　日	承包方（签章） 法定代表人： 委托代理人： 单位地址： 开户银行： 账号： 电话： 电挂： 邮政编码： 　　　　　　年　月　日	
经办建设银行（盖章） 　　　　　　年　月　日	建筑管理部门（盖章） 　　　　　　年　月　日	鉴（公）证机关（盖章） 鉴（公）证意见 经办人： 　　　　　　年　月　日

注：四川省住房和城乡建设厅规定，合同中应有明确安全文明施工费总费用以及费用预付计划、支付计划、使用要求、调整方式等的条款（见本章第八节）。总费用以及费用预付计划、支付计划、使用要求、调整方式等条款等作为安全措施之一，申领施工许可证时需报送当地建设行政主管部门。

3. 安全文明施工措施费拨付记录

《成都市房屋建筑和市政基础设施工程施工安全监督管理规定》（成都市人民政府令第 174 号）第五条规定：建设单位在建设工程施工招标文件中应将安全文明施工费单列，不得将其纳入招标投标竞价范围，并严格按照规定拨付。

建设行政主管部门、安全监督机构应按照《四川省建设工程安全文明施工费计价管理办法》（川建发〔2011〕6 号）、《建筑工程安全防护、文明施工措施费用及使用管理规定》（建办〔2005〕89 号）第十二条规定：对施工现场安全防护、文明施工措施拨付、使用情况进行监督检查。可参考表 3.10。

表 3.10 安全文明施工措施费拨付记录

工程名称		合同工期	
发包人		承包人	
预付款		支付时间	
工程进度款		支付时间	
备注： 票据粘贴单			

注：安全文明施工措施费由建设单位根据施工合同约定及时支付给施工单位。每次支付安全文明施工措施费，后应填写安全文明施工措施费拨付记录，并将银行汇划来账回单粘贴于备注栏内。

四、施工现场危险性较大分部分项工程（重大危险源）管理

根据《中华人民共和国建筑法》第八条、《建设工程安全生产管理条例》第十条、《危险性较大的分部分项工程安全管理办法》（建质〔2009〕87号）第四条要求：建设单位在申请领取施工许可证或办理安全监督手续时，应向当地建设行政主管部门报送施工现场危险性较大的分部分项工程清单及其安全措施。《成都市房屋建筑和市政基础设施工程施工安全监督管理规定》（成都市人民政府令第174号）第五条要求：建设单位应督促、组织相关单位及时消除施工现场安全隐患。《四川省建筑起重机械安全监督管理规定》要求：建设单位不得明示或者暗示施工单位使用不合格的建筑起重机械和要求降低承包企业资质等级。依法发包给两个及两个以上施工单位的工程，不同施工单位在同一施工现场多塔作业时，建设单位应协调组织制定防止塔式起重机相互碰撞的安全措施。

五、第三方监测管理

根据《成都市建筑工程深基坑施工管理办法》（成建发〔2009〕494号）第十五条、《建筑基坑工程监测技术规范》（GB50497—2009）3.0.3规定：基坑工程施工前，建设单位必须委托具有建设工程质量综合检测类的质量检测机构按规定组织有关专家对深基坑工程的设计文件和施工方案进行咨询论证，并形成专家咨询意见书。建设方还应委托具备相应资质的第三方对基坑工程实施现场监测。监测资料包括：

（1）水平位移和竖向位移监测日报表（参考表3.11）。

（2）深层水平位移监测日报表（参考表3.12）。

（3）孔隙水压力监测日报表（参考表3.13）。

（4）支撑轴力、锚杆及土钉拉力监测日报表（参考表3.14）。

（5）地下水位、周边地表竖向位移、坑底隆起日报表（参考表3.15）。

（6）裂缝监测日报表（参考表3.16）。

（7）巡视检查日报表（参考表3.17）。

（8）基坑毗邻建筑物沉降观测记录表（参考表3.18）。

表 3.11　水平位移和竖向位移监测日报表（　　）

第　次

工程名称：　　　　　　　　　　报表编号：　　　　　　　　　　天气：

观测者：　　　　　计算者：　　　　　校核者：　　　　　测试时间：　年　月　日　时

点号	水平位移				竖向位移				备注
	本次测试值/mm	单次变化/mm	累计变化量/mm	变化速率/（mm/d）	本次测试值/mm	单次变化/mm	累计变化量/mm	变化速率/（mm/d）	
工况				当日监测的简要分析及判断性结论：					

工程负责人：　　　　　　　　　　监测单位：

注：此表由第三方监测单位填报，建设单位收存，并应于收到第三方监督单位报告时，及时书面告知监理、施工单位。监理单位和施工单位收到后留存备查，若存在重大安全隐患，应立即采取处理措施。

表 3.12　深层水平位移监测日报表（　　）

第　　次

工程名称：　　　　　　　　　　报表编号：　　　　　　　　天气：

观测者：　　　　　　计算者：　　　　　　校核者：　　　　　测试时间：　年　月　日　时

孔号	深度/mm	本次位移增量/mm	累计位移/mm	变化速率/（mm/d）	位移量（mm）

工况：

当日监测的简要分析及判断性结论：

工程负责人：　　　　　　　　　　监测单位：

注：此表由第三方监测单位填报，建设单位收存，并应于收到第三方监督单位报告时，及时书面告知监理、施工单位。监理单位和施工单位收到后留存备查，若存在重大安全隐患，应立即采取处理措施。

表 3.13　围护墙内力、立柱内力及土压力、孔隙水压力监测日报表（　　）

工程名称：

观测者：　　　　　　计算者：　　　　　　校核者：

附表编号：　　　　　测试时间：　年　月　日　时　　天气：　　　　测试次数：第　次

组号	点号	深度/m	本次压力/kPa	上次压力/kPa	本次变化/kPa	累计变化/kPa	备注

组号	点号	深度/m	本次压力/kPa	上次压力/kPa	本次变化/kPa	累计变化/kPa	备注

工况

当日监测的简要分析及判断性结论：

工程负责人：　　　　　　　监测单位：

注：此表由第三方监测单位填报，建设单位收存，并应于收到第三方监督单位报告时，及时书面告知监理、施工单位。监理单位和施工单位收到后留存备查，若存在重大安全隐患，应立即采取处理措施。

表 3.14 支撑轴力、锚杆及土钉拉力监测日报表（ ）

工程名称：　　　　　　附表编号：　　　　　　第　　次　　　测试时间：　年　月　日　时

观测者：　　计算者：　　累计变化者：　　校核者：　　天气：

点号	本次内力/kN	单次变化/kN	累计变化/kN	备注	点号	本次内力/kN	单次变化/kN	累计变化/kN	备注

工况

当日监测的简要分析及判断性结论：

工程负责人：　　　　　　　　　　　　　　　　监测单位：

注：此表由第三方监测单位填报，建设单位收存，并应于收到第三方监测单位报告时，监理单位和施工单位。监理单位和施工单位收到第三方监督单位报告时，及时书面告知监理、施工单位。若存在重大安全隐患，应立即采取处理措施。

表 3.15　地下水位、周边地表竖向位移、坑底隆起监测日报表（　　）

工程名称：
观测者：　　　　　　计算者：　　　　　　校核者：　　　　　　测试时间：　　年　月　日　时

附表编号：
第　　次　　　天气：

点号	初始高程 /m	本次高程 /m	上次高程 /m	本次变化量 /mm	累计变化量 /mm	变化速率 /（mm/d）	备注
组号							

工况	当日监测的简要分析及判断性结论：

监测单位：
工程负责人：

表 3.16 裂缝监测日报表

第 次

工程名称： 报表编号： 天气：

观测者： 计算者： 校核者： 测试时间： 年 月 日 时

点号	长度				宽度				形态
	本次测试值/mm	单次变化/mm	累计变化量/mm	变化速率/（mm/d）	本次测试值/mm	单次变化/mm	累计变化量/mm	变化速率/（mm/d）	

工况：

当日监测的简要分析及判断性结论：

工程负责人： 监测单位：

注： 此表由第三方监测单位填报，建设单位收存，并应于收到第三方监督单位报告时，及时书面告知监理、施工单位。监理单位和施工单位收到后留存备查，若存在重大安全隐患，应立即采取处理措施。

表 3.17 巡视检查日报表

第 次

工程名称： 报表编号： 天气：

观测者： 计算者： 校核者： 测试时间： 年 月 日 时

分类	巡视检查内容		巡视检查结果	备注
自然条件	气温			
	质量			
	风级			
	水位			
支护结构	支护结构成型质量			
	冠梁、支撑、围檩裂缝			
	支撑、立柱变形			
	止水帷幕开裂、渗漏			
	墙后土体沉陷、裂缝及滑移			
	基坑涌土、流沙、管涌			
	其他			
施工工况	土质情况			
	基坑开挖分段长度及分层厚度			
	地表水、地下水状况			
	基坑降水、回灌设施运转情况			
	基坑周边地面堆载情况			
	其他			
周边环境	管道破损、泄露情况			
	周边建筑裂缝			
	周边道路（地面）裂缝、沉陷			
	邻近施工情况			
	其他			
监测设施	基准点、测点完好状况			
	监测元件完好情况			
	观测工作条件			

工程负责人： 监测单位：

注：此表由第三方监测单位填报，建设单位收存，并应于收到第三方监督单位报告时，及时书面告知监理、施工
单位。监理单位和施工单位收到后留存备查，若存在重大安全隐患，应立即采取处理措施。

表 3.18　基坑毗邻建筑物沉降观测记录表（参考表）

工程名称：

单位名称：

观测点编号	第　次 年　月　日			第　次 年　月　日			第　次 年　月　日			第　次 年　月　日		
	标高/m	沉降量/mm		标高/m	沉降量/mm		标高/m	沉降量/mm		标高/m	沉降量/mm	
		本次	累计		本次	累计		本次	累计		本次	累计
沉降观测结果表												
工程状况												
观测												

记录者

注：此表由第三方监测单位填报，建设单位收存，并应于收到第三方监督单位报告时，及时书面告知监理、施工单位。监理单位和施工单位收到后留存备查，若存在重大安全隐患，应立即采取处理措施。

六、勘察报告、设计说明和设计建议

建设单位应在施工现场收存勘察文件、设计文件以及保障施工作业人员安全与预防生产安全事故的措施建议。

七、其他需留存资料

（1）建设单位应对监理、勘察、设计、施工等单位提出的有关安全生产的要求形成记录。建设单位应留存监理、勘察、设计、设备材料供应租赁、施工等单位的资质证明材料和各单位安全生产费用明细。

（2）由建设单位提供的材料设备，建设单位应提供材料设备的种类、规格、数量、单价、质量、等级和供给时间。由施工单位负责采购的材料设备，施工单位应提供材料设备的产品合格证明，并准备好建设单位的验收通知单。由建设单位指定采购的建设用物资，建设单位应建立内业资料，明确施工单位和建设单位相应的责任。

（3）对于拟拆除的项目，建设单位应提供拟拆除建筑物、构筑物及可能危及毗邻建筑安全的情况说明，拆除工程施工组织设计以及专项施工方案，堆放、清除废弃物的条件和措施。

第四章 监理单位资料管理

一、安全管理文件

（1）国家法律法规及建设工程相关标准。

（2）建设工程勘察报告、设计文件。

（3）建设工程监理合同及其他合同文件。

根据《建设工程安全生产管理条例》第四条要求：工程监理单位必须遵守安全生产法律、法规的规定，保证建设工程安全生产，依法承担建设工程安全生产责任。因此，工程监理单位受建设单位委托为其提供管理和技术服务的同时，也应履行建设工程安全生产管理的法定职责。工程监理单位实施建设工程监理的主要依据包括三部分，即：①法律法规及工程建设标准；②建设工程勘察设计文件；③建设工程监理合同。

根据规定，监理合同应是书面形式订立的，其内容应包括监理与相关服务的工作范围、内容，服务期限和酬金，双方的义务和责任等相关条款。项目监理机构收集归档的监理文件资料应为原件；若为复印件，应加盖报送单位印章，并由经手人签字、注明日期。

二、监理安全管理职责

1. 监理规划

监理规划是项目监理机构实施建设工程监理工作的指导性文件。根据《建设工程安全生产管理条例》、《关于落实建设单位工程安全生产监理责任的若干意见》（建市〔2006〕248号）、《四川省建筑施工现场安全监督检查暂行办法》（川建发〔2006〕151号）等的要求，监理规划应在签订建设工程监理合同及收到工程设计文件后由总监理工程师组织专业监理工程师编制，总监理工程师签字后由工程监理单位技术负责人审批。监理规划应包含安全监理的内容（安全、文明施工），明确安全监理的范围、内容、工作程序和制度措施，以及人员（含安全监理人员）配备计划和职责等。实施过程中若实际情况或条件发生重大变化需调整监理规划时，应由总监理工程师组织专业监理工程师修改，并按原审查程序经过批准后报建设单位。

2. 监理实施细则

监理实施细则是指导项目监理机构具体开展专项监理工作的操作性文件，根据《建设工程安全生产管理条例》第二十六条及《关于落实建设单位工程安全生产监理责任的若干意见》、《建设工程监理规范》的规定，对中型以上的建设工程及建设工程中的危险性较大的分部分项工程，监理单位应结合工程特点、施工环境、施工工艺等编制安全监理实施细则，明确监理控制要点、监理工作流程、监理工作方法与措施以及对施工单位安全技术措施的检查方案。安全监理实施细则应在相应工程施工开始前由专业监理工程师编制，并应报总监理工程师审批。实施过程中，根据实际情况对安全监理实施细则进行补充、修改、完善，并按原报审程序经过批准后实施。

注：根据建设部《建设工程监理范围和规模标准规定》86号令规定，中型以上项目是指项目总投资额在3 000万元以上的工程建设项目。

危险性较大的分部分项工程：基坑支护、降水工程［开挖深度超过 3 m（含 3 m）或虽未超过 3 m 但地质条件和周边环境复杂的基坑（槽）支护、降水工程。］；土方开挖工程［开挖深度超过 3 m（含 3 m）的基坑（槽）的土方开挖工程］；模板工程及支撑体系［① 各类工具式模板工程：大模板、滑模、爬模、飞模等工程。② 混凝土模板支撑工程：搭设高度 5 m 及以上；搭设跨度 10 m 及以上；施工总荷载 10 kN/m² 及以上；集中线荷载 15 kN/m 及以上；高度大于支撑水平投影宽度且相对独立无联系构件的混凝土模板支撑工程。③ 承重支撑体系：用于钢结构安装等满堂支撑体系。）；起重吊装及安装拆卸工程（① 采用非常规起重设备、方法，且单件起吊重量在 10 kN 及以上的起重吊装工程。② 采用起重机械进行安装的工程。③ 起重机械设备自身的安装、拆卸）；脚手架工程（① 搭设高度 24 m 及以上的落地式钢管脚手架工程。② 附着式整体和分片提升脚手架工程。③ 悬挑式脚手架工程。④ 吊篮脚手架工程。⑤ 自制卸料平台、移动操作平台工程。⑥ 新型及异型脚手架工程。）；拆除、爆破工程（① 建筑物、构筑物拆除工程。② 采用爆破拆除的工程。）；其他（① 建筑幕墙工程。② 钢结构、网架和索膜结构安装工程。③ 人工挖孔桩工程。④ 地下暗挖、顶管及水下作业工程。⑤ 预应力工程。⑥ 采用新技术、新工艺、新材料、新设备及尚无相关技术标准的危险性较大的分部分项工程。）

3. 监理单位安全监理责任制、监理单位安全生产管理制度、监理人员安全生产教育培训制度

根据《国务院关于进一步加强企业安全生产工作的通知》（国发〔2010〕23 号）、《国务院关于〈进一步加强企业安全生产工作的通知〉的实施意见》（建质〔2010〕164 号）、《关于落实建设工程安全生产监理责任的若干意见》（建市〔2006〕248 号）、《四川省建设厅关于落实建设工程安全生产监理责任若干意见的实施细则》（川建质安发〔2006〕401 号）等文件要求，监理单位应建立健全安全管理责任，制定本企业安全监理工作岗位责任制，明确安全监理职责并切实保证责任落实到岗、到人，完善监理单位安全监理的安全体系。完善监理单位安全生产管理制度，建立监理人员安全生产教育培训制度，总监理工程师和安全监理人员应经安全生产教育培训后方可上岗，其教育培训情况记入个人继续教育档案。

4. 项目监理机构及安全监理人员

根据《建设工程监理规范》要求：工程监理单位实施监理时，应在施工现场派驻项目监理机构，配备满足监理工作和建设工程监理合同对监理工作深度及建设工程监理目标控制要求的监理人员。《成都市房屋建筑和市政基础设施工程施工安全监督管理规定》（成都市人民政府令 174 号）要求监理企业应为工程项目配备专门的安全监理人员，建立项目安全监理档案，定期向建设工程安全监督机构报告安全监理情况。

5. 总监理工程师任命书（如遇更换总监，应具备总监变更资料）

总监理工程师应由工程监理单位法定代表人书面任命，是项目监理机构的负责人，应由注册监理工程师担任（任命书可参考表 4.1）。其职责为：① 确定项目监理机构人员及其岗位职责。② 组织编制监理规划、审批监理实施细则。③ 根据工程进展及监理工作情况调配监理人员，检查监理人员工作。④ 组织召开监理例会。⑤ 组织审核分包单位资格。⑥ 组织审查施工组织设计、（专项）施工方案。⑦ 审查工程开复工报审表，签发工程开工令、暂停令和复工令。⑧ 组织检查施工单位的现场施工质量、安全生产管理体系的建立及运行情况。⑨ 组织审核施工单位的付款申请，签发工程款支付证书，组织审核竣工结算。⑩ 组织审查和处理工程变更。⑪ 调解建设单位与施工单位的合同争议，处理工程索赔。⑫ 组织验收分部工程，组织审查单位工程质量检验资料。⑬ 审查施工单位的竣工申请，组织工程竣工预验收，组织编写工程质量评估报告，参与工程竣工验收。⑭ 参与配合工程质量安全事故的调查和处理。⑮ 组织编写月报、监理工作总结，组织整理监理文件资料。其中，②、③、⑥、⑦、⑨、⑪、⑬、⑭ 条的工作不能委托给总监理工程师代表。

表 4.1　总监理工程师任命书

工程名称：_____　　　　　　　　　　　编号：

致：_____（建设单位） 　　兹任命_____（注册监理工程师注册号：_____）为我单位_____项目总监理工程师。负责履行《建设工程监理合同》、主持项目监理机构工作。   　　　　　　　　　　　　　　　　　　　　　　　　　工程监理单位（盖章） 　　　　　　　　　　　　　　　　　　　　　　　　　法定代表人（签字）： 　　　　　　　　　　　　　　　　　　　　　　　　　　　年　　月　　日

注：本表一式三份，项目监理机构、建设单位、施工单位各一份。

6. 总监理工程师代表授权书（由总监授权代表行使部分职责和权力）及总监代表职责

　　总监代表，经工程监理单位法定代表人同意，由总监理工程师书面授权，代表总监理工程师行使部分职责和权力。总监代表具有工程类注册执业资格或者具有工程类执业资格的人员（如注册监理工程师、注册造价工程师、注册建造师等）担任；也可由具有中级及以上专业技术职称，3年及以上工程监理实践经验的监理人员担任，可参考表 4.2。下列情形项目监理机构可设置总监代表：

　　（1）工程规模较大、专业较复杂，总监理工程师难以处理多个专业工程时，可按专业设总监理工程师代表。

　　（2）一个建设工程监理合同中包含多个相对独立的施工合同，可按施工合同段设总监理工程师代表。

　　（3）工程规模较大、地域比较分散，可按工程地域设总监理工程师代表。

表4.2 总监理工程师代表授权书

工程名称：⁣ 编号：

  兹委托＿＿＿＿＿＿＿为＿＿＿＿＿＿＿＿＿＿＿＿＿＿＿＿＿＿＿项目总监理工程师代表。代为行使的权力和应履行的职责为：

1.

2.

3.

4.

5.

：

工程监理单位（盖章）

法定代表人（签字）

年　月　日

注：本表一式三份，项目监理机构、建设单位、施工单位各一份。

7. 专业监理工程师（任职资格材料）及职责

专业监理工程师是项目监理机构中按专业或岗位设置的专业监理人员。当工程规模较大时，在某一专业或岗位宜设置若干名专业监理工程师。专业监理工程师具有相应监理文件的签发权，可以由具有工程类注册执业资格的人员担任，也可由具有中级及以上专业技术职称、2 年及以上工程实践经验的监理人员担任。建设工程涉及特色行业的，从事此类工程的专业监理工程师应符合国家对有关人员资格的规定。其职责为：参与编制监理规划，负责编制监理实施细则；审查施工单位提交的涉及本专业的报审文件，并向总监理工程师报告；参与审核分包单位资格；指导、检查监理员工作，定期向总监理工程师报告本专业监理工作实施意见。安全监理工程师除承担上述职责外，还应建立项目安全监理档案，定期向建设工程安全监督机构报告安全监理情况。[详见《成都市房屋建筑和市政基础设施工程施工安全监督管理规定》(成都市人民政府令 174 号)]

8. 监理员

监理员是具体从事监理工作、具备中专及以上学历并经过监理业务培训的人员。其职责包括：检查施工单位投入工程的人力、主要设备的适用及运行状况（包括安全设施、设备的运行情况）；进行见证取样；复核工程计量有关数据；检查工序施工结果；发现施工作业中的问题，及时指出并向专业监理工程师报告。

三、安全监理会议纪要

安全监理会议纪要是以文字形式记录的由项目监理机构定期组织召开，并与有关单位参加的专门研究解决安全监理中发现的相关问题的监理例会、安全生产专门会议、专家会议、监理内部会议形成的会议纪要。根据《建设工程监理规范》、《关于落实建设工程安全生产监理责任的若干意见》(建市〔2006〕248 号) 规定：会议纪要由项目监理机构起草，由参加会议各方代表签字。监理会议纪要包括：会议时间、地点、出席会议单位、人员、主持人、记录人及会议主题、形成的决议及议案等。

1. 建设单位主持的第一次工地会议纪要

工程开工前的第一次工地例会，由建设单位主持召开，并由项目监理机构负责整理会议纪要，与会各方会签纪要。第一次会议应包括以下内容：① 建设、施工、监理分别介绍各自驻现场的组织机构、人员及其分工；② 建设单位介绍工程开工准备情况；③ 施工单位介绍施工准备情况；④ 建设单位代表和总监理工程师对施工情况提出意见和要求；⑤ 总监理工程师介绍监理规划的主要内容；⑥ 研究确定各方在施工过程中参加监理例会的主要人员，召开监理例会的周期、地点及主要议题；⑦ 其他有关事项。可参考表 4.3。

表 4.3　会议纪要

（监理[　　]纪要　号）

会议名称		第一次工地例会		
会议时间		会议地点		
主要议题				
组织单位		主持人	记录人	
参加单位		主要参加人		
		×××、×××		
		×××		
		×××、×××		
		×××		
会议主要内容及结论				

注：以上纪要内容是监理部根据会议记录整理，如有异议，请在收到本纪要之日起三日内向监理部书面说明。

×××××监理部

审查人：×××（总监）

2. 定期监理例会纪要

项目监理机构应定期召开监理例会,并组织有关单位研究解决与监理相关的问题。应包括以下内容:① 检查上次例会议定事项的落实情况,分析未完事项原因;② 检查分析工程项目进度计划完成情况,提出下一阶段进度目标及其落实措施;③ 检查分析工程项目质量、施工安全管理状况,针对存在的问题提出改进措施;④ 检查工程量核定及工程款支付情况;⑤ 解决需要协调的有关事项;⑥ 其他有关事宜。可参考表 4.4。

表 4.4 会议纪要

（监理[   ]纪要 号）

会议名称		监理例会			
会议时间			会议地点		
主要议题					
组织单位	××项目监理机构		主持人		记录人
参 加 单 位				主要参加人	
				×××、×××	
				×××	
				×××、×××	
				×××	

会议主要内容及结论

　　注：以上纪要内容是监理部根据会议记录整理，如有异议，请在收到本纪要之日起三日内向监理部书面说明。

×××××监理部

审查人：×××（总监）

3. 专题会议纪要

专题会议是由总监理工程师或其授权的专业监理工程师主持或参加的，为解决监理过程中的工程专项问题而不定期召开的会议，并可邀请建设、设计、施工单位以及设备供应厂商等相关单位参加。其内容包括：会议主要议题、会议内容、与会单位、参加人员及召开时间等，可参考表 4.5。也可根据需要，参加由建设单位、设计单位或施工单位等相关单位召集的专题会议。

表 4.5　会议纪要

（监理[　　]纪要　号）

会议名称				专题会议			
会议时间				会议地点			
主要议题							
组织单位	××项目监理机构		主持人	总监或专监		记录人	
参　加　单　位					主　要　参　加　人		
					×××、×××		
					×××		
					×××、×××		
					×××		
会议主要内容及结论							

　　注：以上纪要内容是监理部根据会议记录整理，如有异议，请在收到本纪要之日起三日内向监理部书面说明。

××××××监理部

审查人：×××（总监）

4. 与工程建设相关方的工作联系单

项目监理机构与工程建设相关方之间的工作联系宜采用书面形式。其内容包括施工过程中与监理有关的某一方需向另一方或几方告知某一事项或督促某项工作、提出某项建议等,可参考表 4.6。

表 4.6　工作联系单

工程名称：　　　　　　　　　　　　　　　　　　　　编号：

致：

　　事　由：

　　内　容：

发文单位（章）

负　责　人：

日　　　期：

注：本表由监理单位填写，建设、监理、施工单位各存一份。

四、报 审

1. 施工单位安全生产管理体系审核资料

工程监理单位应根据《建设工程安全生产管理条例》、《关于落实建设工程安全生产监理责任的若干意见》（建市〔2006〕248号）、《分包单位资格报审表》、《四川省建设工程安全监理的指导意见》（川建监质协监字〔2005〕4号）等文件要求，在施工准备阶段对施工单位安全管理体系资料进行审查。其主要内容包括：① 施工单位安全生产规章制度、安全管理机构的建立、安全生产管理人员的配备、分包单位安全生产规章制度；② 施工单位（分包单位）资质和安全生产许可证是否合法有效；③ 进场人员资格审查（施工单位项目经理资格证、专职管理人员资格证、特种作业人员操作证）等。

（1）施工单位安全保证体系审查（参考表4.7）。

表4.7 施工单位安全管理体系报审表

工程名称：　　　　　　　　　　　　　　　　　　　　　　　　　　　　编号：

致＿＿＿＿＿＿＿＿＿＿＿＿＿＿＿＿＿＿（监理单位）

兹报验

＿＿＿＿＿＿＿＿＿＿＿＿＿＿＿＿＿＿＿工程施工安全生产管理体制，请核查和批准。

　　本次申报内容系第＿＿＿次申报，申报内容经项目经理部/安全生产负责人审核并经公司技术负责人和安全部门审核批准。

附件：
1. 施工单位安全生产许可证（复印件，盖鲜章）；
2. 分包单位安全生产许可证、资质证（复印件，盖鲜章）；
3. 安全生产责任制度、安全生产培训教育制度、本企业各项安全生产规章制度、各工种安全操作规程；
4. 本项目部安全生产应急救援预案；
5. 本项目部安全管理机构批准文件、项目经理、安全工程师、专（兼）职安全管理人员、特殊工种岗位证书。

承包单位项目经理部（章）

项目经理：　　　　日期：　　年　　月　　日

项目监理机构签收 人姓名及时间		承包单位签收人 姓名及时间	

专业监理工程师审查意见：

专业监理工程师：　　　　日期：　　年　　月　　日

总监理工程师审核意见：

项目监理机构（章）

总监理工程师：　　　　日期：　　年　　月　　日

注：本表由施工单位项目部提前7日报送，一式三份，建设、监理、施工单位各存一份。

（2）分包单位资格报审表。

　　工程项目监理机构应审核施工单位报送的分包单位资格报审表，总监理工程师应审核签认。应审查以下内容：① 营业执照、企业资质等级证书；② 安全生产许可文件；③ 类似工程业绩；④ 专职管理人员和特种作业的资格。可参考表 4.8。

表 4.8　分包单位资格报审表

工程名称：　　　　　　　　　　　　　　　　　　　　　　　　　　　　　　编号：

致：_____（监理单位）

经考察，我方认为拟选择的

（分包单位）具有承担下列工程的施工/安装资质和能力，可以保证本工程项目按合同第_____条款的规定进行施工/安装。分包后，我方仍承担本工程承包合同的全部责任。请予以审查和批准。

分包工程名称（部位）	工程数量	拟分包工程合同额
合　计		

附：1. 分包单位资质材料

　　2. 分包单位业绩材料

　　3. 总包对分包单位的管理制度

施工单位（章）

项目经理：

日　　期：

专业监理工程师审查意见：

专业监理工程师：

日　　期：

总监理工程师审核意见：

项目监理机构（章）

总监理工程师：

日　　期：

注：本表由施工单位报送，一式三份，项目监理机构签署意见后自留一份，报建设单位一份，返施工单位一份。

2. 工程技术文件报审表

根据《建设工程安全生产管理条例》、《关于落实建设工程安全生产监理责任的若干意见》（建市〔2006〕248 号）、《四川省建设工程安全监理的指导意见》（川建监质协监字〔2005〕4 号）、《建设工程监理规范》（GB/T50319—2013）等标准规范要求：工程监理单位应当及时审核、批复施工单位报送的工程技术文件。施工单位编写的工程技术文件主要包括：施工组织设计、危险性较大的分部分项工程清单及其安全专项施工方案等，可参考表 4.9。工程监理单位对专项方案的审查内容包括：

① 对编审程序进行符合性审查，不符合规定的，书面通知施工单位重新报审；符合规定后，施工单位再行报审。

② 对编审程序符合规定的实质性审查，主要针对专项方案中安全技术措施是否符合工程建设强制性标准；对安全技术措施违反工程建设强制性标准的，应重新编制、报审。

表 4.9　工程技术文件报审表

工程名称：　　　　　　　　　　施工单位：　　　　　　　　　　　　编号：

现报上关于 ＿＿＿＿＿＿＿＿＿＿＿＿＿＿＿＿ 工程技术文件，请审定

序号	类别	编制人	册数	页数
1				
2				
3				
4				
5				

编制单位：

技术负责人：　　　　　　　　　申报人：　　　　　　　　　年　月　日

施工单位审查意见：

□ 有 / □无 附页

审核人：　　　　　　　　　　　　　　　　　　　　　　年　月　日

监理单位审查意见：

审定结论：　□ 同意　　　□ 修改后再报　　□ 重新编制

总监理工程师：　　　　　　　　　　　　　　　　　　年　月　日

注：本表由填写一式三份，（总）监理工程师签字认可，建设单位、监理单位、施工单位各存一份。

（1）施工组织设计、专项方案报审表。

施工单位编制的施工组织设计经施工单位技术负责人审核签认后，报项目监理机构，参考表4.10。总监理工程师应及时组织专业监理工程师对以下基本内容进行审查：① 编审程序符合规定；② 施工进度、施工方案及工程质量保证措施符合施工合同要求；③ 资金、劳动力、材料、设备等资源供应计划满足工程施工需要；④ 安全技术措施符合工程建设强制性标准；⑤ 施工总平面布置科学合理。符合要求的，总监理工程师签认后报建设单位；需要修改的，总监理工程师签发书面意见，修改后再报审。

表 4.10　施工组织设计/专项施工方案报审表

工程名称：　　　　　　　　　　　　　　　　　　　　　　　　　　　　　　　　编号：

致：　　　　　　　　　　　　　　　　　　　　　　　（监理单位） 　　我方已完成　　　　　　　　工程施工组织设计/专项施工方案的编制，并按规定完成了相关审批手续，请予以审查。 　　附：□施工组织设计 　　　　□专项施工方案   　　　　　　　　　　　　　　　　　　　　　　　　　　　　　施工单位（章） 　　　　　　　　　　　　　　　　　　　　　　　　　　　　　项目经理： 　　　　　　　　　　　　　　　　　　　　　　　　　　　　　日　　期：
专业监理工程师审查意见：   　　　　　　　　　　　　　　　　　　　　　　　　　　　　　专业监理工程师： 　　　　　　　　　　　　　　　　　　　　　　　　　　　　　日　　期：
总监理工程师审核意见：   　　　　　　　　　　　　　　　　　　　　　　　　　　　　　项目监理机构（章） 　　　　　　　　　　　　　　　　　　　　　　　　　　　　　总监理工程师： 　　　　　　　　　　　　　　　　　　　　　　　　　　　　　日　　期：

　　注：本表由施工单位报送，一式三份，项目监理机构签署意见后自留一份，报建设单位一份，返承包单位一份。

（2）工程开工、复工报审表。

总监理工程师应组织专业监理工程师审查施工单位报送的工程开工报审表及相关资料，符合以下条件的，总监理工程师签署意见，报建设单位批准后签发开工令：① 设计交底和图纸会审已完成；② 施工组织设计已由总监理工程师签认；③ 施工单位现场质量、安全生产管理体系已建立，管理及施工人员已到位，施工机械具备使用条件，主要工程材料已落实；④ 进场道路及水、电、通信等已满足开工要求。可参考表 4.11、4.12。

表 4.11　工程开工报审表

工程名称：　　　　　　　　　　　施工单位：　　　　　　　　　　　编号：

致_____（建设单位） _____（项目监理机构） 　　我方承担的 _____工程已完成相关准备工作，具备开工条件，申请于___年___月___日开工，请予以审批。 附件：证明文件资料：   　　　　　　　　　　　　　　　　　　　　　　　　　　　单位（盖章） 　　　　　　　　　　　　　　　　　项目经理： 　　　　　　　　　　　　　　　　　　　　　年　　月　　日
审核意见：   　　　　　　　　　　　　　　　　　项目监理机构（盖章） 　　　　　　　　　　　　　　　　　总监理工程师： 　　　　　　　　　　　　　　　　　　　　　年　　月　　日
审批意见：   　　　　　　　　　　　　　　　　建设单位（盖章） 　　　　　　　　　　　　　　　　建设单位代表（签字）： 　　　　　　　　　　　　　　　　　　　年　　月　　日

注：本表由施工单位填写，一式三份，建设单位、监理单位、施工单位各存一份。

表 4.12 工程复工报审表

工程名称：   编号：

致：＿＿＿＿＿＿＿＿＿＿＿＿＿＿＿＿＿＿＿＿＿（项目监理机构）

编号为＿＿＿＿《工程暂停令》所停工的＿＿＿＿＿＿部位(工序)，现已满足复工条件，我方申请于＿＿年＿＿月＿＿日
复工，请予以审批。

附件：证明文件资料

单位（盖章）

项目经理：

年　　月　　日

审核意见：

项目监理机构（盖章）

总监理工程师：

年　　月　　日

审批意见：

建设单位（盖章）

建设单位代表（签字）：

年　　月　　日

注：本表一式三份，项目监理机构一份，承包单位一份，报建建设单位一份。

（3）施工机械设备、施工机具报审使用表。

根据《建筑起重机械安全监督管理规定》（建设部令第166号）第十六条、第二十二条以及《建筑起重机械备案登记办法》（建质〔2008〕76号）第十一条及相关规范的规定：从事建筑起重机械安装、拆卸活动的单位（以下简称安装单位）办理建筑起重机械安装（拆卸）告知手续前，应填写"起重机械安、拆报审表"（参考表4.13），并同时将以下资料报送施工总承包单位、监理单位审核，施工单位、监理单位在收到齐全的报送资料后2日内审核完毕并签署审核意见：

① 建筑起重机械备案证明；

② 安装单位资质证书、安全生产许可证副本；

③ 安装单位特种作业人员证书；

④ 建筑起重机械安装（拆卸）工程专项施工方案；

⑤ 安装单位与使用单位签订的安装(拆卸)合同及安装单位与施工总承包单位签订的安全协议书；

⑥ 安装单位负责建筑起重机械安装（拆卸）工程专职安全生产管理人员、专业技术人员名单；

⑦ 建筑起重机械安装（拆卸）工程生产安全事故应急救援预案；

⑧ 辅助起重机械资料及其特种作业人员证书；

⑨ 施工总承包单位、监理单位要求的其他资料。

表 4.13　施工现场施工起重机械安装/拆卸报审表

工程名称：　　　　　　　　　　　施工单位：　　　　　　　　　编号：

致：_____（监理单位）：

　　我方已完成对_____安装/拆卸方案及安装资质的审核，请复核。

　　附：1. 专项安装/拆卸方案　　　□有 / □无

　　　　2. 起重机械合格证及设备出场前自检合格证明：□有 / □无

　　　　3. 操作人员及安装/拆卸人员上岗证书：□有 / □无

　　　　4. 安装/拆卸单位资质：　□有 / □无

　　　　5. 群塔作业施工方案：　　□有 / □无

　　　　6. 安装/拆卸应急预案：　□有 / □无

　　　　7. 其他资料

　　　　　　　　　　　　　　　　　　　　　　　项目机械设备管理负责人：

　　　　　　　　　　　　　　　　　　　　　　　项目安全负责人：

　　　　　　　　　　　　　　　　　　　　　　　项目经理：

监理单位复核意见：

符合相关法规要求，验收手续齐全，同意使用　　□

不符合相关法规要求，验收手续不齐全，整改后再报　　□

　　　　　　　　　　　　　　（总）监理工程师：　　　　　年　　月　　日

　　注：本表由施工单位填写，由（总）监理工程师复核签字，监理单位、施工单位、租赁单位、安装/拆卸单位各存
　　　　一份。

（4）施工现场安全应急救援预案审核资料。

根据《安全生产法》第十七条规定：工程项目应制定施工现场应急救援预案。施工现场安全事故应急救援预案，是为一旦发生生产安全事故时，如何进行抢救人员，减少损失，保护事故现场，及时恢复生产等工作，在事故发生之前作出的计划与安排。它能起到将事故的损失减少到最低的作用，是一个涉及施工现场多方面工作的系统工程，通常这由施工单位主要负责人负责组织制定和实施，一旦发生事故也要亲自指挥、调度。根据《关于落实建设工程安全生产监理责任的若干意见》（建市〔2006〕248号）、《建设工程监理规范》规定，监理单位应当审核施工单位报送的应急救援预案，重点审查应急组织体系、相关人员职责、预警预防制度、应急救援措施，审核表的填写可参考表4.14、4.15。应急救援预案应符合行业标准《生产经营单位安全生产事故应急救援预案编制导则》的规定。

表4.14　施工单位应急预案编制情况审核表

监理工程师意见： 1. 预案的编制程序是否符合《生产经营单位安全生产事故应急预案编制导则》（AQ/T9002—2006）规定； 2. 具体审核意见（应考虑本工程极易发生突发事故的应急措施情况）。   签字： 　　　　　　年　　　月　　　日
总监理工程师意见：   签字： 　　　　　　年　　　月　　　日

表 4.15　施工应急预案报审表

表号：

工程名称：×××××工程　　　　　　　　　　　　　　　　　　　　　编号：

致 ×××监理有限责任公司×××监理项目部：
　　现报上××××××工程施工专项应急预案，请予审查。
　　附件：工程专项应急预案

施工项目部（章）
项目经理：
日　　期：

监理项目部审查意见：

监理项目部（章）
总监理工程师：
日　　期：

建设管理单位审批意见：

建设管理单位（章）
项目经理：
日　　期：

注　本表一式三份，由施工项目部填报，业主项目部、监理项目部、施工项目部各存一份。

3. 安全文明施工措施费报审

（1）安全文明施工措施费支付申请表。

"安全文明施工措施费支付申请表"是施工单位按照合同约定向监理单位提出的安全文明施工措施费用支付的书面申请材料，参考表 4.16。监理单位应根据《建筑工程安全防护、文明施工措施费用及使用管理规定》，及时审核"安全文明施工措施费支付申请表"。

表 4.16　安全文明施工措施费用支付申请表

工程名称：　　　　　　　　　　　施工单位：　　　　　　　　　　　编号：

工程地点		在施工部位	

致＿＿＿＿＿＿＿＿＿＿＿＿＿＿＿＿＿＿＿＿＿（监理单位）：

　　我方已落实了＿＿＿＿＿＿＿＿＿＿安全防护、文明施工措施，按施工合同规定，建设单位在＿＿＿年＿＿月＿＿日前支付该项费用共计（大写）＿＿＿＿＿＿＿＿＿＿＿＿（小写　）＿＿＿＿＿＿＿＿＿＿＿＿＿＿，现报上安全防护、文明施工措施项目落实清单，请予以审查并开具费用支付证书。

附件：
安全防护、文明施工措施项目落实清单

项目经理：

年　月　日

注：本表由施工单位填写，一式三份，建设单位、监理单位、施工单位各存一份。

（2）安全文明施工措施费支付证书。

"安全文明施工措施费支付证书"是工程项目监理机构收到施工单位"安全文明施工措施费支付申请表"，经审查合格后填写的、向建设单位提出安全防护、文明施工措施费用支付的书面材料，参考表4.17。

表 4.17　安全文明施工措施费用支付证书

工程名称：　　　　　　　　　　　　施工单位：　　　　　　　　　编号：

工程地点		在施工部位	

致　　　　　　　　　　　　　　　　　　　　　　　　　　（建设单位）：

　　根据施工合同规定，经审核施工单位的支付申请表，同意本期支付安全防护、文明施工措施费用，共计

（大写）　　　　　　　　　　　　　　　　　　　　　　　　　　　　　

（小写）　　　　　　　　　　　　　　　　　　　　　　　　　　　　　

请按合同规定付款。

附件：

1. 施工单位付款申请表及附件
2. 项目监理部审查记录

总监理工程师：　　　　　　　年　　月　　日

注：本表由监理单位填写，一式三份，建设单位、监理单位、施工单位各存一份。

4. 工程材料、构配件、设备报审表

施工单位对所购材料、构配件、设备（包括安全防护所需的构配件、设施设备）进行自检，合格后，向项目监理机构报审。由建设单位采购的主要设备则由建设单位、施工单位、项目监理机构进行开箱检查。并由三方在开箱检查记录上签字。

5. 涉及安全生产的构配件、防护用品见证取样报告

五、验　收

工程监理机构应根据《关于落实建设工程安全生产监理责任的若干意见》（建市〔2006〕248号）、《四川省建设工程安全监理的指导意见》（建办〔2005〕89号）、《建筑起重机械安全监督管理规定》（建设部令第166号）第十六条及第二十二条等文件要求，参加施工现场起重机械、安全设施、临时建筑物的检查、验收，并在验收表上签署意见。

（1）施工现场起重机械验收核查表：

① 整体提升脚手架验收记录表；

② 塔式起重机验收记录表；

③ 施工升降机安装（加节）验收记录；

④ 井架与龙门架搭设验收记录表。

（2）安全设施验收核查表：

① 落地式脚手架搭设验收记录表；

② 门式脚手架验收记录表；

③ 模板支撑系统验收记录表；

④ 落地操作平台搭设验收记录表；

⑤ 悬挑式钢平台验收记录表；

⑥ 悬挑式脚手架验收记录表；

⑦ 临时用电验收记录表；

⑧ 安全用电设施交接验收记录表；

⑨ 安全防护设施搭设验收记录表；

⑩ 安全防护设施拆除申请；

⑪ 电器设备、防护用品检验表

⑫ 施工机具验收记录表

（3）临时建筑物验收检查表。

六、检　查

1. 监理单位领导或项目负责人带班安排及记录

根据《国务院关于进一步加强企业安全生产工作的通知》（国发〔2010〕23号）和住建部《关于贯彻落实〈国务院关于进一步加强企业安全生产工作的通知〉的实施意见》（建质〔2010〕164号）、《关于落实建设工程安全生产监理责任的若干意见》（建市〔2006〕248号）、《〈建筑施工企业负责人及项目负责人施工现场带班暂行办法〉的通知》、《四川省建设工程安全监理的指导意见》（川建监质协监字〔2005〕4号）规定：工程项目监理单位应实行领导带班，并认真做好带班记录，签字存档备查。

2. 施工现场安全检查、巡查、旁站记录

根据《关于落实建设工程安全生产监理责任的若干意见》（建市〔2006〕248号）的规定：工程监理单位在施工过程中负有以下职责：

（1）定期巡视检查施工过程中危险性较大的工程的作业情况。（巡视是指监理人员对正在施工的危险性较大的部位或工序在现场进行的定期或不定期的监督活动）

（2）对危险性较大的分部分项工程，应检查施工现场各种安全标志和安全防护措施是否符合强制性标准要求，并检查安全生产费用的使用情况。包括：各种安全标志的检查，依据国家标准《安全标志及使用导则》（GB 2894—2008）进行检查。可用"旁站监理记录表"记录；各种安全防护设施的检查，按各种强制性规范进行，可用"旁站监理记录表"记录。

（3）危险性较大分部分工程的检查（含超过一定规模的危险性较大的分部分项工程）。

（4）对施工单位自查情况进行抽查。对照施工单位的检查表（JGJ59—2011用表）进行检查，并在检查表上签字确认。

（5）参加建设单位组织的安全生产专项检查。可用JGJ59—2011用表或其他专项检查表。

3. 安全监理日志

工程监理单位应根据《建设工程安全生产管理条例》第十四条、《四川省建筑施工现场安全监督检查暂行办法》、《成都市房屋建筑和市政基础设施工程施工安全监督管理规定》、《关于落实建设工程安全生产监理责任的若干意见》、《建设工程监理规范》的要求进行监理，并每日填写监理日志。日志应报告以下内容：① 天气和施工环境情况；② 当日施工进展情况；③ 当日监理工作情况，包括旁站、巡视、见证取样、平行检验等情况；④ 当日存在的问题及处理情况；⑤ 其他有关事项（如下达监理通知单情况、到期复查情况等）。

4. 监理月报（监理月报表）

监理月报是项目监理机构定期编制并向建设单位和工程监理单位提交的重要文件。其内容应包括：

（1）本月工程实施概况。包括：工程进展情况，实际进度与计划进度的比较，施工单位人、机、料进场及使用情况，本期在施工部分的工程照片；工程质量情况，分项分部工程验收情况，工程材料、设备、构配件进场检验情况，主要施工试验情况，本月工程质量分析；施工单位安全生产管理工作评述；已完工程与支付工程款的统计及说明。

（2）本月监理工作情况。包括：工程进度控制方面、工程质量控制方面、安全生产管理方面、工程计量与工程款支付方面、合同其他事项的管理、监理工作统计及照片。

（3）本月工程实施的主要问题分析及处理情况。包括：工程进度控制方面、工程质量控制方面、施工单位安全生产管理方面、工程计量与工程款支付方面、合同其他事项管理方面。

（4）下月监理工作重点。包括：工程管理方面的监理工作重点、项目监理机构内部管理方面的工作重点。

5. 各项指令

工程监理单位应根据《建设工程监理规范》（第 5.4.12 款）、《关于落实建设工程安全生产监理责任的若干意见》（建市〔2006〕248号）、《监理规范》（第 5.4.12 款）、《四川省建设工程安全监理的指导意见》（川建监质协监字〔2005〕4号）等规范、文件的要求，对审查符合要求的应签署意见并签发指令。

（1）开工令。

总监理工程师组织专业监理工程师对施工单位报送的"工程开工报审表"及相关资料进行审查，确认具备开工条件的，报建设单位经批准同意开工后，总监理工程师签发"工程开工令"，指示施工单位开工，可参考表 4.18。

表 4.18　工程开工令

工程名称：　　　　　　　　　　　　　　　　　　　　　　　　　　　编号：

致：　　　　　　　　　　　　　　　　　　　　　　　（施工单位）

　　经审查，本工程已具备施工合同约定的开工条件，现同意你方开始施工，开工日期为＿＿＿年＿＿月＿＿日。

　　附件：工程开工报审表

项目监理机构（章）

总监理工程师（签字、加盖执业印章）

年　　月　　日

　　注：本表一式三份，项目监理机构一份，承包单位一份，报建设单位一份。

（2）工程暂停施工令。

总监理工程师在出现以下事件时签发指令要求施工单位暂停施工：建设单位要求暂停施工且工程需要暂停施工的；施工单位未经批准擅自施工或拒绝项目监理机构管理的；施工单位未按审查通过的工程设计文件施工的；施工单位未按批准的施工组织设计、（专项）施工方案施工，或违反工程建设强制性标准的；未保证工程质量而需要停工处理的；施工中出现安全隐患，必须停工消除隐患的。

填表时应注明工程暂停的原因、部位与范围、停工期间应进行的工作等，可参考表 4.19。总监理工程师签发暂停令应先征得建设单位同意，在紧急情况下未能事先报告的，应在事后及时向建设单位作出书面报告。

表 4.19　工程暂停令

工程名称：　　　　　　　　　　　　　　　　　　　　　　　　　　　　编号：

致：＿＿＿＿＿＿＿＿＿＿＿＿＿＿＿＿＿＿（施工项目经理部）

　　由于＿＿＿＿＿＿＿＿＿＿＿＿＿＿＿＿＿＿＿＿＿＿＿＿＿原因，现通知你方于＿＿＿年＿＿月＿＿日时起暂停＿＿＿＿＿＿＿部位（工序）施工，并按下述要求做好后续工作。

　　要求：

项目监理机构（章）

总监理工程师（签字、加盖执业印章）

年　月　日

注：本表一式三份，项目监理机构一份，承包单位一份，报建设单位一份。

（3）复工令。

当导致工程暂停施工的原因消失、具备复工条件时，施工单位提出复工申请，复工报审表及相关材料经审查符合要求后，总监理工程师签发指令同意复工。施工单位未提出复工申请的，总监理工程师应根据工程实际情况指令施工单位恢复施工。因建设单位原因或非施工单位原因引起工程暂停的，在具备复工条件时，总监理工程师应及时签发"工程复工令"指令施工单位复工。填表时，必须注明复工的部位与范围、复工日期等，并附"工程复工报审表"等相关说明文件，可参考表 4.20。

表4.20　工程复工令

工程名称：　　　　　　　　　　　　　　　　　　　　　　　　　　　　　　　　　　　编号：

致：　　　　　　　　　　　　　　　　　　　　　　　　　　（施工项目经理部）

　　我方发出的编号为＿＿＿＿＿《工程暂停令》。要求暂停施工的＿＿＿＿＿＿部位（工序），经查已具备复工条件。经建设单位同意，现通知你方于＿＿＿年＿＿月＿＿日＿＿时起恢复施工。

　　　　附件：工程复工报审表

　　　　　　　　　　　　　　　　　　　　　　　　　　项目监理机构（章）

　　　　　　　　　　　　　　　　　　　　　　　　总监理工程师（签字、加盖执业印章）

　　　　　　　　　　　　　　　　　　　　　　　　　　　年　　月　　日

注：本表一式三份，项目监理机构一份，承包单位一份，报建设单位一份。

（4）混凝土浇筑、模板拆除令。

模板工程经验收合格后，在混凝土浇筑前，由施工单位项目技术负责人、项目总监确认具备混凝土浇筑的安全生产条件后，签署混凝土浇筑令（参考表 4.21），方可浇筑混凝土。

表 4.21　模板工程混凝土浇筑令

单位名称		施工单位	
建设单位		监理单位	
模板厚度		梁截面	
支模高度		跨　度	
施工部位（轴线与楼层）			

混凝土浇筑要求：

1. 浇灌砼前必须先检查模板支撑的稳定情况，特别要注意检查用斜撑支撑的悬臂构件的模板的稳定情况。浇筑砼过程中，要注意观察模板、支撑情况，发现异常，及时报告。

2. 水平运输通道旁预留洞口，电梯井口必须检查完善盖板、围护栏杆。高处临空搭设的车道必须稳固，两侧设围护栏杆。推车或机动翻斗车倒砼时，应有挡车措施，不得过猛或撒把。

3. 垂直运输采用井架、龙门架运输时，推车车把不准超出吊盘，车轮前后应挡牢；卸料时，待吊盘停稳、制动可靠后方可上盘。塔吊料斗浇捣砼时，指挥、扶斗人员与塔吊司机应密切配合；放下料斗时，作业人员应避让、站立稳当，严禁在空中用手斜拉吊物和吊钩。

4. 振捣器电源线必须完好无损，供电电缆不得有接头，砼振捣器作业转移时，电动机的导线应保持有足够的长度和松度。严禁用电源线拖拉振捣器。作业人员必须穿绝缘胶鞋，戴绝缘手套。

5. 浇筑砼所使用的桶、槽必须固定牢固，使用串筒节间应连接牢靠，操作部位设防护栏杆，严禁站在桶槽帮上操作。

6. 用泵输送砼时，输送管道接头必须紧密可靠不漏浆、安全阀完好，管道架子牢固；输送前，先试送，检修时必须卸压。

7. 浇灌框架、梁、柱砼时，必须设操作平台，严禁站在模板或支撑上操作。

8. 浇筑圈梁、雨篷、阳台砼时，必须搭设脚手架，严禁站在墙体或模板帮上操作。

9. 浇筑拱形结构，应自两边拱脚对称地相向进行。浇筑储仓，下口应先行封闭，并搭设脚手架，以防人员坠落。

是否通过验收		浇筑顺序是否明确	
浇筑观测人员是否到位（附名单）		技术负责人签字	
项目总监签字		安全员签字	

当混凝土强度符合设计要求后，方可拆除模板。混凝土模板拆除令可参考表 4.22。

表 4.22　混凝土模板拆除令

编号：

施工单位名称			工程名称			
拆模部位			模板类型			
拆模班组负责人			监护人员及证号			
砼设计强度等级		砼浇筑日期		计划拆模日期		
同条件试块强度值（附报告单） （　　　　）MPa		同条件试块强度达到设计强度的 （　　　）%		龄期（　　　）天		
拆模时混凝土强度要求，同条件试块强度值应达到设计强度的（　　　）%					在选择的类型划√	

构件类型	板	跨度≤2 m	≥50%
		跨度>2 m，≤8 m	≥75%
		跨度>8 m	≥100%
	梁	跨度≤8 m	≥75%
		跨度>8 m	≥100%
	悬臂（梁）构件		≥100%

拆模安全技术措施：

1. 操作前，对作业人员进行安全教育和安全操作技术交底。

2. 拆模时，应后撑先拆、先撑后拆，先拆非承重部位，后拆承重部位。

3. 拆除时，应逐块拆卸，不得成片撬落，必要时先设立临时支撑，然后进行拆卸，拆下的模板或部件不得随意乱抛。

4. 拆除部位及四周必须设置临时警戒区，并在醒目部位悬挂警示牌。除作业人员外，不得有其他人员进出。拆模作业人员必须站在平衡、牢固可靠的地方，保持自身平衡，不得猛撬，以防失稳坠落。

5. 拆除电梯井及大型孔洞模板时，下层必须支搭安全网等可靠的防坠落措施。

6. 拆除模板时，禁止使用 50 mm×100 mm 木材或钢模板作立人板。

7. 高空作业搭设脚手架或操作台，上、下时使用梯子，不许站立在墙上工作；不准站在大梁底模上行走。

8. 拆除模板时，作业人员要站立在安全地点进行操作，防止上下在同一垂直面工作。

9. 拆模必须一次拆清，不得留下无撑模板。拆下的模板及时清理，堆放整齐。

10. 拆模前检查楼层周边预留洞口，预先按要求做好防护与封闭，以免操作人员从孔中坠落。

11. 指派经培训的人员进行监控，并严格履行职责，作好监控记录。

12. 操作人员严禁酒后作业，严禁穿硬底鞋及有跟鞋作业，高空作业必须系好安全带。

项目技术负责人：　　　　安全员：　　　　项目经理：　　　　　年　月　日

建设单位审批意见	现场代表：　　　　　年　月　日	监理单位审批意见	监理工程师：　　　　　年　月　日

注：本表一式三份，建设单位、监理单位、施工单位各一份。

（5）监理通知单、回复单。

在监理工作中，项目监理机构按《建设工程监理合同》授予的权限，当施工单位发生下列情况时应发出监理通知：在施工过程中出现不符合设计要求、工程建设标准、合同规定；使用不合格的工程材料、构配件和设备；在工程质量、进度、造价、安全防护设施等方面存在违法、违规行为。监理通知单可由总监理工程师或专业监理工程师签发，对于一般问题，可由专业监理工程师签发；对于重大问题，应由总监理工程师或经其同意后签发。"事由"应填写通知内容的主题词，"内容"应具体写明发生问题的具体部位、具体内容，并写明监理工程师的要求、依据，必要时应补充相应的文字、图纸、图像等作为附件进行具体说明。可参考表 4.23。

表4.23 监理工程师通知单

工程名称：   编号：

致：

事由：

内容：

项目监理机构（章）

总/专业监理工程师：

日　　期：

注：本表一式三份，项目监理机构一份，承包单位一份，报建设单位一份。

（6）监理报告。

项目监理机构发现工程存在安全隐患，发出"监理通知单"或"工程暂停令"后，施工单位拒不整改或不停止施工以及情况严重时，项目监理机构及时向有关主管部门报送"监理报告"。填报时应说明工程名称、施工单位、工程部位，并附监理处理过程文件等，以及其他检测资料、会议纪要等，可参考表 4.24。紧急情况下，可通过电话、传真或电子邮件方式向政府有关主管部门报告，事后应以"监理报告"的书面形式送达政府有关主管部门，同时抄报建设单位和工程监理单位。

表 4.24　施工现场安全隐患报告书

工程名称：　　　　　　　　　　　　　施工单位：　　　　　　　　　　编号：

致＿＿＿＿＿＿＿＿＿＿＿＿＿＿＿＿＿＿＿＿＿＿（建设行政主管部门）：

　　由＿＿＿＿＿＿＿＿＿＿＿＿＿单位施工的＿＿＿＿＿＿＿＿＿＿＿＿＿工程，存在下列严重安全事故隐患：

　　我单位已于＿＿＿年＿＿＿月＿＿＿日发出《监理通知》/《工程暂停令》编号　＿＿＿＿＿＿＿，但施工单位拒不整改/停工。

　　特此报告

总监理工程师：　　　　　　　　　　　　　　　　　　　　　　　年　　　月　　　日

签收人：　　　　　　　　　　　　　　　　　　　　　　　　　　年　　　月　　　日

注：本表由监理单位填写，一式四份，报当地住房和城乡建设主管部门，返回三份，建设单位、监理单位、施工
　　单位各存一份。

第五章　施工单位资料管理

第一节　施工现场安全生产基础资料

一、施工合同、协议

《关于进一步加强建筑市场监管工作的意见》（建市〔2011〕86号）第三条"加强合同管理，规范合同履约行为"中要求：

"（八）推行合同备案制度。合同双方要按照有关规定，将合同报项目所在地建设主管部门备案。工程项目的规模标准、使用功能、结构形式、基础处理等方面发生重大变更的，合同双方要及时签订变更协议并报送原备案机关备案，在解决合同争议时，应当以备案合同为依据。

（九）落实合同履约责任。合同双方应当按照合同约定，全面履行各自义务和责任，协商处理合同履行中出现的问题和争议。建设单位要及时跟踪工程质量安全、工程进展等情况，按时支付工程预付款、安全防护费、进度款和办理竣工结算，并督促承包单位落实质量安全防护措施。"

《关于进一步加强建筑市场监管工作的意见》（建市〔2011〕86号）第四条"加强施工现场管理，保障工程质量安全"中要求：

"（十一）强化施工总承包单位负责制。**施工总承包单位对工程施工的质量安全工期造价以及执行强制性标准等负总责**。专业分包或劳务分包单位应当接受施工总承包单位的施工现场统一管理。分包单位责任导致的工程质量安全事故，施工总承包单位承担连带责任。**建设单位依法直接发包的专业工程，建设单位、专业承包单位要与施工总承包单位签订施工现场统一管理协议，明确各方的责任、权利、义务。**"

《建设工程施工合同示范文本》（GF-2013-0201）通用条款第2.8条要求：发包人应与承包人、由发包人直接发包的专业工程的承包人签订施工现场统一管理协议，明确各方的权利与义务。施工现场统一管理协议，并作为专用合同条款的附件。

《房屋建筑和市政基础设施工程施工分包管理办法》（建设部令第124号）第十六条要求：分包工程承包人应当按照分包合同的约定对其承包的工程向分包工程发包人负责。分包工程发包人和分包工程承包人就分包工程对建设单位承担连带责任。**第十七条要求：分包工程发包人对施工现场安全负责，并对分包工程承包人的安全生产进行管理。**专业分包工程承包人应当将其分包工程的施工组织设计和施工安全方案报分包工程发包人备案，分包工程承包人就施工现场安全向分包工程发包人负责，并应当服从分包工程发包人对施工现场的安全生产管理。

根据以上要求，施工单位、施工总承包单位、专业承包单位、应与建设单位、各分包单位、专业分包单位共同留存施工合同以及安全管理协议，并按照合同、协议履行各自职责。

二、承包单位、分包单位资格条件

1. 安全生产许可证

根据《安全生产许可证条例》第二、第十四、第二十条，《建筑施工企业安全生产许可证管理规定》（建设部令第 128 号）第二条，《建筑施工企业安全生产许可证动态监管暂行办法》（建质〔2008〕121号）第十九条，《成都市房屋建筑和市政基础设施工程施工分包管理暂行规定》（成建委发〔2005〕80号）第六条等规定，建筑施工企业未取得安全生产许可证的，不得从事建筑施工活动。安全生产许可证有效期为 3 年，有效期满前需要延期的，企业应当于期满前 3 个月内向原安全生产许可证颁发管理机关办理延期手续。施工企业项目部和项目监理部应留存企业安全生产许可证复印件，参阅图 5.1。

安全生产许可证

编号：（ ）JZ安许证字〔 〕

单位名称：XXXXX建筑工程有限公司
主要负责人：XXX
单位地址：XXXXXXXXX
经济类型：有限责任
许可范围：建筑施工
有效期： 年 月 日至 年 月 日

发证机关 四川省建设厅

国家安全生产监督管理总局 监制

图 5.1　施工企业安全生产许可证

2. 资质证书

根据《建筑工程施工许可管理办法》（建设部令 91 号），《建设工程安全生产管理条例》第二十条、第四十二条，《中华人民共和国建筑法》第二十六条，《关于进一步加强建筑市场监管工作的意见》（建市〔2011〕86 号），《房屋建筑和市政基础设施工程施工分包管理办法》（建设部令第 124 号），《成都市房屋建筑和市政基础设施工程施工分包管理暂行规定》等规定：

承包建筑工程的单位应当持有依法取得的资质证书，并在其资质等级许可的业务范围内承揽工程，资质证书有效期 5 年。禁止建筑施工企业超越本企业资质等级许可的业务范围或者以任何形式用其他建筑施工企业的名义承揽工程。禁止建筑施工企业以任何形式允许其他单位或者个人使用本企业的资质证书、营业执照，以本企业的名义承揽工程。严禁个人承揽分包工程业务。专业工程分包除在施工总承包合同中有约定外，必须经建设单位认可。专业分包工程承包人必须自行完成所承包的工程。

劳务作业分包由劳务作业发包人与劳务作业承包人通过劳务合同约定。劳务作业承包人必须自行完成所承包的任务。施工企业项目部应留存承包单位、分包单位资质证书复印件，参阅图 5.2。

图 5.2　建筑业企业资质证书

三、各项制度

根据《中华人民共和国建筑》第四十四条、《中华人民共和国安全生产法》第四条、《建设工程安全生产管理条例》第二十一条、《安全生产许可证条例》第六条、《四川省建筑施工现场安全监督检查暂行办法》(川建发〔2006〕151号)第二十一条、《成都市房屋建筑和市政基础设施工程施工安全监督管理规定》(成都市人民政府令第174号)要求:施工单位应当建立各项规章制度。其制度主要包括:安全生产责任制度;安全生产教育培训制度;安全技术交底制度。

1. 安全生产责任制度

安全生产责任制度是指施工单位根据有关安全生产的法律、法规和规章的规定,按照"安全第一,预防为主,综合治理"的方针,结合本单位特点,将本单位各级负责人、各职能机构及其工作人员和各岗位作业人员在安全生产方面的职责、责任、权利和义务加以明确的一种制度。施工企业应建立企业和项目部各级、各部门和各类人员安全生产责任制度。安全生产责任制主要包括:项目经理、工长、安全员以及生产、技术、机械、器材、后勤、分包单位负责人等管理人员责任制,装订成册。企业和项目应根据制度进行考核,及时做好考核记录。

2. 安全生产教育培训制度

根据《中华人民共和国建筑法》第四十六条,《建设工程安全生产管理条例》第二十一条、第三十六条、第三十七条,《安全生产许可证条例》第六条,《四川省建筑施工现场安全监督检查暂行办法》第二十一条等规定:施工单位应当建立健全安全生产教育培训制度,加强对职工安全生产的教育培训;未经安全生产教育培训的人员,不得上岗作业。施工单位应当对管理人员和作业人员每年至少进行一次安全生产教育培训,其教育培训情况记入个人工作档案。作业人员进入新的岗位或者新的施工现场前,应当接受安全生产教育培训;未经培训或教育培训考核不合格的人员,不得上岗作业。安全生产管理人员及作业人员每年教育培训时间和内容可参考表5.1。

表 5.1　安全生产管理人员及作业人员教育培训一览表

安全教育培训类型	对　象	时　间	内　容
主要负责人年度培训、能力考核培训	各层次负责人、管理人员	30 学时	有关安全生产法律、法规、规章、规定、规范性文件；施工单位各项安全生产规章制度和本企业安全生产状况；各种岗位危险有害因素及安全操作规程；作业条件与环境改善；个人劳动防护用品的使用和维护；作业现场安全标准化；安全生产防护知识；施工机械设备设施安全使用与管理知识；施工工艺知识；新材料、新工艺、新技术应用知识；现场安全检查与隐患排查治理；现场应急处置和自救互救；本企业、本行业典型事故案例；班组长的职责和作用；作业人员的权利与义务；班组长与作业人员沟通的方式和技巧；各工种班组安全生产的组织管理
项目经理及管理人员年度培训、能力考核培训	项目经理、项目其他管理人员	30 学时	
专职安全管理人员培训、能力考核培训	专职安全管理人员	40 学时	
管理人员、技术人员年度培训	班组长、其他班组人员	班组长不少于 24 学时，其他人员不少于 16 学时	
特种作业人员	特种作业、机械操作人员	重新上岗前不少于 24 学时	
复工、转岗、换岗人员上岗前培训	操作、使用、管理人员	不少于 20 学时	
新工人入场三级教育		公司、项目、班组分别不少于 15 学时、15 学时、20 学时	
经常性和季节性安全教育			

能力考核培训指施工单位的主要负责人、项目负责人、专职安全管理人员接受建设行政主管部门或者其他有关部门任职资格的考核。经考核合格，取得"建筑施工企业主要负责人（项目负责人、专职安全管理人员）安全生产考核合格证书"后方可任职。

"三级教育"通常指公司、项目、班组分别对新进场的从业人员进行安全教育的活动，总学时不得少于 50 学时。施工现场项目部应留存以下表格：三级教育卡汇总表，三级教育记录卡，新材料、新工艺、新技术、新设备操作使用人员以及待岗复工、转岗、换岗人员，安全教育卡，经常性教育、季节性和节假日前后的安全教育记录表，管理人员、班组长安全教育记录表。

3. 安全技术交底制度

根据《建设工程安全管理条例》第二十七条《危险性较大的分部分项工程安全管理八法》（建质〔2009〕87 号）第十五条、《四川省建筑施工现场安全监督检查暂行办法》（川建发〔2006〕151 号）以及《成都市房屋建筑和市政基础设施工程施工安全监督管理规定》（成都市人民政府令第 174 号）第九条等规定：施工单位应建立安全技术交底制度，建立建筑施工企业各级安全技术交底的相关规定。安全技术交底的对象为：相关管理人员、作业班组、作业人员。其中，固定作业场所的工种可定期交底，非固定作业场所的工种可按每一分部（分项）工程或定期进行交底，新进场班组必须先进行安全技术交底再上岗。安全技术交底内容应包括：工作场所的安全防护设施，安全操作规程，安全注意事项。施工单位应保留各级安全技术交底记录。（各分部分项工程具体交底内容见各分部分项工程安全管理）

4. 安全检查制度

安全检查是施工单位安全工作的主要内容之一，也是施工单位抓好安全生产的有效手段之一。它是施工单位依照国家、行业标准对施工现场安全防护设施、设备，作业人员安全防护用品的正确使用、管理人员和操作工人遵章守纪情况，专项施工方案实施情况、安全生产责任制落实情况、安全文明施工措施费投入使用情况等进行检查，发现施工管理部门、管理人员或现场存在的不安全行为和有关设备、器具、防护设施设备的不安全行为以及潜在的职业危害及时予以纠正，防止伤亡事故发生的一种安全措施。检查完后，应根据检查情况及时消除隐患，并向监理通报；若为上级部门的检查，还需进行整改回复。

安全检查的分类如下：

（1）定期安全检查：根据企业安全检查制度或当地建设行政主管部门要求，定期安全检查可按管理层级分别组织进行，一般可按半年、季、月、旬、周进行。例如，公司级检查可按每季度一次；项目部可按每季度二次；专项检查可按公司每月一次；班组每周一次。根据国务院《国务院关于进一步加强企业安全生产工作的通知》（国发〔2010〕23号）和住建部《关于贯彻落实《国务院关于进一步加强企业安全生产工作的通知》的实施意见》（建质〔2010〕164号）的要求，公司、项目负责人必须参加公司项目组织的安全检查。

（2）经常性检查。经常性检查包括由公司安全部门或项目安全机构组织进行，由班组自行或交叉进行检查、现场安全员日常巡查。

（3）专项安全生产检查。专项安全生产检查主要是指有针对性的安全检查。施工现场的专项安全生产检查主要有：基坑工程安全生产专项检查、附着式升降脚手架专项检查、起重运输机械专项检查、防高坠专项检查、施工现场临时用电与劳动保护用品专项检查、压力容器安全专项检查、安全管理人员在岗及履职情况专项检查以及施工现场防火防雷、文明施工、民工培训专项检查等。

（4）季节性、节假日施工安全检查。季节性安全检查主要是针对气候变化情况和特点安排的安全检查，如夏季、雨季、冬季分别安排的防洪、防暑降温、防雷电、防大风、防冰冻（寒）等安全检查等；节假日安全检查主要是针对节前节后的特殊情况进行的安全检查。这类检查的结果通常以简报、纪要等形式留存于施工现场备查。

5. 带班制度

根据《建筑施工企业负责人及项目负责人施工现场带班暂行办法》（建质〔2011〕111号）、《成都市房屋建筑和市政基础设施工程施工安全监督管理规定》（成都市人民政府令第174号）第八条等的规定：建筑施工企业应当建立企业负责人及项目负责人施工现场带班制度，并严格考核。其中，建筑施工企业负责人要定期带班检查，每月检查时间不少于其工作日的25%；项目负责人每月带班生产时间不得少于本月施工时间的80%。因其他事务需离开施工现场时，应向工程项目的建设单位请假，经批准后方可离开。离开期间应委托项目相关负责人负责其外出时的日常工作。带班制度应包括以下内容：① 企业、项目定期及日常、专项、季节性安全检查的时间安排和实施要求。② 施工安全隐患的整改、处置和复查的要求。③ 隐患处置、复查的记录或隐患整改的记录。④ 对查出的事故隐患复查情况记录，整改回执单。

6. 重大隐患挂牌督办制度

根据《房屋市政工程生产安全重大隐患排查治理挂牌督办暂行办法》（建质〔2011〕158号）规定：建筑施工企业是房屋市政工程安全生产重大隐患排查治理的责任主体，应当建立健全重大隐患排查治理工作制，并落实到每一个工程项目。企业及工程项目的主要负责人对重大隐患排查治理工作全面负责。建筑施工企业应当定期组织安全生产管理人员、工程技术人员和其他相关人员排查每一个工程项目的重大隐患，特别是对深基坑、高支模、地铁隧道等技术难度大、风险大的重要工程应重点定期排查。对排查出的重大隐患，有关企业负责人应挂牌督办并及时进行治理予以消除，同时将相关情况登记存档。

7. 安全文明施工措施费管理制度

根据《关于印发〈建筑工程安全防护、文明施工措施费用及使用管理规定〉的通知》（建设部令〔2005〕89号第十一条要求：施工单位应当确保安全防护、文明施工措施费专款专用，在财务管理中单独列出安全防护、文明施工措施项目费用清单备查。施工单位应建立安全文明施工措施费管理制度。

8. 设备管理制度

根据《建设工程安全管理条例》、《建筑起重机械安全监督管理规定》（建设部令第166号）、《四川省建筑起重机械备案登记实施意见》（川建发〔2008〕65号）、《四川省建筑起重机械安全监督管理规定》（川建发〔2008〕88号）、《四川省建筑施工现场安全监督检查暂行办法》（川建发〔2006〕151号）、《成都市房屋建筑和市政基础设施工程施工安全监督管理规定》（成都市人民政府令第174号）等规定：施工单位应建立设备（包括应急救援器材）登记、安装（拆除）、验收、检测、使用、定期保养、维修、改造和报废制度。

9. 文明施工管理制度

根据《建设工程安全管理条例》、《建筑施工现场环境和卫生标准》（JGJ46—2004）、《四川省建筑施工现场安全监督检查暂行办法》（川建发〔2006〕151号）、《成都市房屋建筑和市政基础设施工程施工安全监督管理规定》（成都市人民政府令第174号）、《成都市房屋建筑和市政基础设施工程施工现场管理暂行办法（环境和卫生）》及补充修订条款（成建委发〔2004〕218号、成建委发〔2007〕83号）等规定：施工单位必须建立环境保护、环境卫生管理、文明施工管理制度，配备文明施工管理机构，并按有关规定到市建设行政主管部门签订建筑施工现场"文明施工责任书"（见下例范文）。施工现场应实行封闭管理，制定进出施工大门的门卫制度，建立外来人员进场登记制度，并应做好检查记录。

编号：

文 明 施 工

责 任 书

成都市建设委员会制

文明施工责任书

工程名称：

工程地址：

为了贯彻《成都市建筑施工现场监督管理规定》、《成都市城市扬尘污染防治管理暂行规定》及《成都市房屋建筑和市政基础设施工程施工现场管理暂行标准》的规定，将我市建设成为中国西部创业环境最优、人居环境最佳、综合实力最强的现代特大中心城市，创造更加优美、整洁的城市环境，规范我市建筑工地环境保护，提高建设工地科学化、规范化、标准化管理水平，达到"整洁、规范、安全、文明"的要求。为此，我们保证做到：

（1）在进行建筑、装饰装修、市政基础设施施工时，必须打围作业、封闭施工。围墙、围挡必须符合《成都市房屋建筑和市政基础设施工程施工现场管理暂行标准（环境与卫生）》和《成都市市政工程文明施工设施图例》、《成都市建筑工程文明设施参考图例》的要求，做到标准化、景观化。

（2）施工作业区、办公区和生活区应有明确划分，应在各区之间的地面上设置黄线。

（3）施工现场应采用防锈铁花大门。"五牌一图"设置规范，监督电话和管理人员照片齐全，标识系统完整。

（4）施工现场进出口应按要求设置冲洗设施，配备专职保洁员，对进出车辆进行冲洗。

（5）施工中的渣土必须选择取得"成都市建筑垃圾运输车辆专用证"的货车车辆运输，运输中车辆要封闭严密，严禁撒漏。

（6）施工现场进出口地坪与场内主要道路应采用混凝土或沥青混凝土：混凝土路面不应小于200 mm，强度等级不低于C20；沥青混凝土路面厚度应不小于80 mm。路面应平整、不积水，并保持施工期间的路面完整。

（7）施工现场内裸露的场地应进行绿化、硬化或覆盖；料具场地必须平整夯实，有防雨、防锈、防潮及排水等措施；各种材料按总平面图统一布置，并且分类堆码整齐。设置明显招牌、标识，书写规范、准确。

（8）施工现场必须使用商品混凝土。提倡使用商品砂浆；现场设置的砂浆搅拌棚必须按规定设置并经审批核准。

（9）施工作业区应有防止尘土飞扬、泥水外流、车辆带泥出场等有效措施。遇有四级以上大风或异常天气时，停止施工。

（10）施工现场场内及周边应保持环境清洁卫生。清理建筑垃圾时应使用封闭方式进行，严禁高空抛撒建筑垃圾；清扫施工作业场地时，应采用湿法作业。

（11）施工单位对施工噪声应有管理制度和降噪措施，并进行严格控制，晚间作业不超过22:00时，清晨作业不早于6:00时。经许可进行夜间施工作业时，可采取柔性吸音隔声屏、低噪声振动等有效措施降噪，做到不噪声扰民。

（12）职工食堂、宿舍、厕所应加强管理，必须符合《成都市房屋建筑和市政基础设施工程施工现场管理暂行标准（环境和卫生）》的要求。

（13）施工现场应设置符合标准的民工夜校和民工浴室。

（14）施工现场应按相关标准配备与工程规模相适应的环境保护和卫生管理人员。

（15）做好流动人口计划生育管理工作。

对于没有履行上述承诺的，应接受相关法律、法规、规章的处罚。

建筑单位（盖章）：　　　　　　　　工程负责人（签字）：

施工单位（盖章）：　　　　　　　　工程负责人（签字）：

检查监督单位（盖章）：

签订责任书日期：　　　　年　　　月　　　日

10. 消防安全责任制度

根据《建设工程安全生产管理条例》规定：施工单位应按《建筑施工现场消防安全技术规范》（GB 50720—2011）结合建设项目规模、现场消防安全管理的重点，在施工现场建立消防安全管理组织机构，制定消防安全管理制度。其内容应包括：消防安全教育与培训制度，可燃及易燃易爆危险品管理制度，用火、用电、用气管理制度，消防安全检查制度，应急预案演练制度。

11. 事故报告制度

根据《生产安全事故报告和调查处理条例》（中华人民共和国国务院令第493号）、《关于进一步规范房屋建筑和市政工程生产安全事故报告和调查处理工作的若干意见》（建质〔2007〕257号）等规定：施工单位为做好生产安全事故控制工作，应建立事故报告制度并根据企业安全管理目标做好事故统计报表。发生安全事故时，事故现场有关人员应当立即向本单位负责人报告；单位负责人接到报告后，应当于1小时内向事故发生地县级以上人民政府安全生产监督管理部门和负有安全生产监督管理职责的有关部门报告。情况紧急时，事故现场有关人员可以直接向事故发生地县级以上人民政府安全生产监督管理部门和负有安全生产监督管理职责的有关部门报告。实行施工总承包的建设工程，由总承包单位负责上报事故。事故报告应当包括下列内容：

（1）事故发生单位的概况；

（2）事故发生的时间、地点以及事故现场情况；

（3）事故的简要经过；

（4）事故已经造成或者可能造成的伤亡人数（包括下落不明的人数）和初步估计的直接经济损失；

（5）已经采取的措施；

（6）其他应当报告的情况。

自事故发生之日起30日内，事故造成的伤亡人数发生变化的，应当及时补报。事故发生单位负责人接到事故报告后，应当立即启动事故相应应急预案，或者采取有效措施，组织抢救，防止事故扩大，减少人员伤亡和财产损失。

施工单位在发生意外伤亡时，应提供工人的意外伤害保险的凭证。

四、各工种安全操作规程、规范汇编

根据《中华人民共和国安全生产法》第十七条，《建设工程安全生产管理条例》第二十一条、第三十三条，《安全生产许可证条例》第六条，《四川省建筑施工现场安全监督检查暂行办法》（川建发〔2006〕151号）第二十一条等规定：施工单位应当制定各工种操作规程，为项目部提供危险岗位的操作规程以及说明违章操作的危害，同时应该保存危险岗位作业人员对场地作业条件、作业程序和作业方式中存在的安全问题反馈的文档。

作业人员应当遵守安全施工的强制性标准、规章制度和操作规程（见下文），正确使用安全防护用具、机械设备等。施工现场应存各工种（包括砌筑、抹灰、混凝土、木工、电工、钢筋、机械、起重司机、信号指挥、脚手架、水暖、油漆、塔吊、电梯、电气焊工等）安全操作规程加盖公章，并在施工现场相应区域悬挂操作规程。

施工现场应收集施工安全技术标准、规范、规程，并严格按照标准、规范、规程进行施工。

木工安全操作规程

1. 建筑施工工人必须熟知本工种的安全操作规程和施工现场的安全生产制度，服从领导和安全检查人员的指挥，自觉遵章守纪，做到"三不"伤害。

2. 施工现场的各种安全设施、设备和警告、安全标志等未经领导同意不得任意拆除和随意挪动。

3. 进入施工现场必须戴好安全帽，系好下颌带；在没有可靠安全防护设施的高处、悬崖和陡坡施工时，必须系好安全带。

4. 不满18周岁的未成年工，不得从事建筑工程施工工作。

5. 施工现场行走要注意安全，不得攀登脚手架、井字架、龙门架、外用电梯。禁止乘坐非载人的垂直运输设备上下。

6. 在沟、槽、坑内作业必须经常检查沟、槽、坑壁的稳定状况，上下沟、槽、坑必须走坡道或梯子。

7. 着装要整齐，严禁赤脚穿拖鞋、高跟鞋进入施工现场；高处作业时不得穿硬底和带钉易滑的鞋。严禁酒后作业。

8. 工作时思想集中，坚守作业岗位，对发现的危险必须报告，对违章作业的指令有权拒绝，并有责任制止他人违章作业。未经许可，不得从事非本工种作业。

9. 作业前应检查所使用的工具，如手柄有无松动、断裂等。

10. 作业时使用的工具应随时放进工具箱内；使用的铁钉，不得含在嘴中。

11. 使用手锯时，锯条必须调紧适度，下班时要放松，以防再使用时锯条突然暴断伤人。

12. 成品、半成品、木材应堆放整齐，不得任意存放，码放高度不超过1.5 m。

13. 上班作业前，应认真查看在施工程洞口、临边安全防护和脚手架护身栏、挡脚板、立网是否齐全、牢固；脚手板是否按要求间距放正、绑牢，有无探头板和空隙。

14. 高处作业时，材料码放必须平稳整齐，工具随时入袋，不得向下投掷物料。

15. 木工作业场所的刨花、木屑、碎木必须"三清"：自产自清、日产日清、活完场清。

16. 施工现场发生伤亡事故，必须立即报告领导，抢救伤员，保护现场。

架子工安全操作规程

1. 架子工属国家规定的特种作业人员，必须经有关部门培训，考试合格，持证上岗，并应每年进行一次体验。凡患高血压、心脏病、贫血病、癫痫病以及不适于高处作业的不得从事架子作业。

2. 架子要结合工程进度搭设，不宜一次搭得过高。未完成的脚手架，架子工离开作业岗位时（如工间休息或下班时），不得留有未固定构件，必须采取措施消除不安全因素和确保架子稳定。脚手架搭设后必须经施工员会同安全员进行验收合格后才能使用。在使用过程中，要经常进行检查，长期停用的脚手架恢复使用前必须进行检查，鉴定合格后才能使用。

3. 高层建筑施工工地井字架、脚手架等高出周围建筑的，须防雷击。若井字架、脚手脚等在相邻建筑物、构筑物防雷装置的保护范围以外，应安装防雷装置。可将井字架及钢管脚手架一侧高杆接长，使之高出顶端 2 m 作为接闪器，并在该高杆下端设置接地线。防雷装置冲击接地电阻值不得大于 4 Ω。

4. 架子工班组接受任务后，必须根据任务的特点向班组全体人员进行安全技术交底，明确分工。悬挂挑式脚手架、门式、碗口式和工具式插口脚手架或其他新型脚手架，以及高度在 30 m 以上的落地式脚手架和其他非标准的架子，必须具有上级技术部门批准的设计图纸、计算书和安全技术交底书后才可搭设。同时，搭设前班组长要组织全体人员熟悉施工技术和作业要求，确定搭设方法。搭设手架前，班组长应带领班组人员对施工环境及所需的工具、安全防护设施等进行检查，消除隐患后方可开始作业。

5. 落地式多立杆外脚手架上均布荷载不得超过 270 kg/m²，堆放标准砖只允许侧摆 3 层；集中荷载不得超过 150 kg/m²。用于装修的脚手架不得超过 200 kg/m²。承受手推运输车及负载过重的脚手架及其他类型脚手架，荷载不超过设计值。

6. 架子的铺设宽度不得小于 1.2 m。脚手板须满铺，离墙面不得超过 20 cm，不得有空隙和探头板。脚手板搭接时不得小于 20 cm；对头接时应架设双排小横杆，间距不大于 20 cm。在架子拐弯处脚手板应交叉搭接。垫平脚手板应用木块，并且要钉牢，不得用砖垫。

7. 架子工作业时要正确使用个人劳动防护用品。必须戴安全帽，佩戴安全带，衣着要灵便，穿软底防滑鞋，不得穿塑料底鞋、皮鞋、拖鞋和硬底或带钉易滑的鞋。作业时要思想集中，团结协作，互相呼应，统一指挥。不准用抛扔的方法上下传递工具、零件等。禁止打闹和开玩笑。休息时应下架子，在地面休息。严禁酒后上班。

8. 砌筑里脚手架铺设宽度不得小于 1.2 m，高度应保持低于外墙 20 cm。里脚手的支架间距不得大于 1.5 m，支架底脚要有垫木块，并支在能承受荷重的结构上。搭设双层架时，上下支架必须对齐，同时支架间应拉斜撑固定。

9. 上料斜道的铺设宽度不得小于 1.5 m，坡度不得大于 1：3，防滑条的间距不得大于 30 cm。

10. 脚手架的外侧、斜道和平台，要绑 1 m 高的防护栏杆和钉 18 cm 高的挡脚板。

11. 拆除脚手架期间，周围应设围栏或警戒标志，并设专人看管，禁止无关人员入内。拆除应按顺序由上而下进行，一步一清，不准上下同时作业。

12. 拆下的脚手杆、脚手板、钢管、扣件、钢丝绳等材料，应向下传递或用绳吊下，禁止往下投扔。

13. 砌墙高度超过 4 m 时，必须在墙外搭设能承受 160 kg 重的安全网或防护挡板。多层建筑应在二层和每隔四层设一道固定的安全网，同时再设一道随施工高度提升的安全网。

14. 拆除脚手架大横杆、剪刀撑时，应先拆中间扣，再拆两头扣，由中间操作人往下顺杆子。

五、项目部安全管理资料

1. 项目部安全管理机构

根据《建设工程安全生产管理条例》第二十三条、《四川省建筑施工现场安全监督检查暂行办法》第二十一条、《建筑施工企业安全生产管理机构设置及专职安全生产管理人员配备办法》（建质〔2008

91号)、《成都市房屋建筑和市政基础设施工程施工安全监督管理规定》(成都市人民政府令第174号)第八条、《成都市建设委员会关于完善施工现场安全管理人员配备的实施意见》(成建委发〔2008〕101号)等规定：施工企业应当设置安全生产管理机构并按规定配备专职安全管理人员，同时按要求为工程项目派驻项目经理、安全工程师、专职安全员，并报监理单位审核备案。图5.3为×××项目部安全管理机构图。

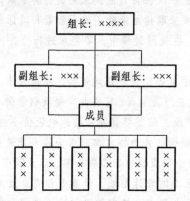

图5.3 ×××项目部安全管理机构图

2. 项目部目标管理

（1）施工现场安全管理总目标。

建筑施工工程开工前，建设单位、监理单位和施工单位应一同制定施工现场安全管理总目标，包括制定伤亡施工指标、建立安全达标与文明施工目标以及明确规定施工现场需要采取的安全措施，参考表5.2。

表 5.2　安全管理目标表

施工单位（章）：

工程名称：

伤亡控制指标	全年无重伤及死亡事故； 轻伤事故年频率不超过 5‰
施工安全达标	按《建筑施工安全检查标准》（JGJ59—2011）检查达"优良"等级；检查评分　　分以上
文明施工目标	达到《四川省省级安全生产文明施工标准化工地评审办法》规定的省级标准化工地标准或《成都市建设安全文明施工标准化工地管理办法》规定的市级标准工地标准及其他

制表：　　　　　　审核：　　　　　　制表日期：　　　年　　　月　　　日

（2）建立施工现场安全目标责任书。

总、分包单位之间、企业与项目部均应签订安全生产目标责任书，并将各项责任目标落实到操作人员。责任书的内容应明确安全生产指标，有针对性的安全保障措施和双方安全施工责任及奖惩办法。同时，报建设单位、监理单位审查。

项目部应将施工现场总的安全管理目标逐级分解，按照不同层级的目标，同各个管理层签订施工现场安全目标责任书；同时，制定安全目标责任考核办法及实施措施，每月考核，记录在册，参考表 5.3 ~ 5.5。

表 5.3　安全责任目标考核标准

项目部：

目标类别	指标内容	分值	扣分标准	扣分	责任人
施工安全（50分）	全年无重伤、死亡事故，工伤事故频率不超过 5‰	35	发生重伤事故，1人扣 10 分；发生死亡事故，扣 35 分		
	特种作业人员持证上岗率达 100%	5	每发现 1 人无证上岗，扣 1 分		
	施工现场按部颁标准达优良等级（80分以上）	10	公司季度检查，一次未达到优良，扣 10 分		
消防安全（15分）	施工现场全年不发生火灾事故	15	发生火灾事故，一次扣 15 分		
交通安全（15分）	全年不发生死亡或财产损失 5 万元以上负主要责任的事故	15	发生财产损失 5 万元以上负主要责任的事故，扣 15 分		
安全管理（20分）	遵章守纪	4	发现"三违"，1 次扣 1 分		
	重大安全隐患及时整改率达 100%	4	隐患整改不及时、不定人、不定措施，发现 1 次扣 4 分		
	工伤事故报告	4	工伤事故报告不及时，1 次扣 1 分		
	认真进行安全教育、交底	4	安全教育、交底，缺 1 次扣 4 分		
	积极开展安全活动	4	积极参加公司组织的安全活动，缺 1 次扣 4 分		
合　计					

表 5.4 ×××项目部（管理人员）安全目标考核表

工程名称：　　　　　　　　管理人员姓名：　　　　　　职务：

类别	项目 ＼ 月	1	2	3	4	5	6	7	8	9	10	11	12
实施安全技术措施（10分）	是否按施工组织设计中的分部分项安技措施												
安全技术交底（20分）	是否对所辖班组及时进行安全技术交底												
安全操作（10分）	是否组织班组工人学习相关安全操作规程												
安全防护（10分）	是否对所管分部分项工程危险部位采取了有效防护												
安全检查（20分）	是否经常进行安全检查，及时消除隐患												
反"三违"（5分）	不违章指挥，教育工人不违章操作，制止违章作业												
防护用品（5分）	监督检查所属班组人员正确使用个人防护用品												
文明施工（20分）	所管辖班组作业现场是否达到文明施工												
项目分合计													

	考核分	评语			考核分		
上半年			年度总评				
下半年							
安全领导小组考核人员签字	上半年		被考核人签字	上半年			
	下半年			下半年			

表 5.5　×××项目部（班组长）安全目标考核表

工程名称：　　　　　　　班组长姓名：　　　　　　工种：

类别＼项目（月）		1	2	3	4	5	6	7	8	9	10	11	12
遵章守纪（10分）	是否严格遵守项目各项安全规章制度，领导本班组作业												
安全操作（20分）	是否遵照本班组安全操作规程作业												
安全交底（20分）	是否认真进行安全技术交底												
安全检查（20分）	是否对作业环境进行安全检查												
个人防护（10分）	是否检查、监督本班组人员正确使用防护用品												
安全活动（5分）	是否组织班组安全日活动，开好班前会												
文明施工（10分）	班组是否做到文明施工												
工具设备（5分）	使用的工具设备有无隐患												
项目分合计													

	考核分	评　语		年度总评	考核分	
上半年						
下半年						
安全领导小组考核人员签字	上半年			被考核人签字	上半年	
	下半年				下半年	

3. 项目部安全管理人员配备

（1）安全工程师。

根据《成都市建设委员会关于完善施工现场安全管理人员配备的实施意见》文件规定：建筑工程规模在 5 000 m^2 以上的项目（市政工程投资在 500 万元以上），施工企业应委派一名安全工程师协助项目经理对施工现场进行专职安全管理：领导安全员，落实安全生产责任制及各项规章制度；定期组织安全检查，对危险性较大的分部、分项工程进行跟踪检查等；并应每日填写安全工程师日志，形成文字记录（见范文）。

安全工程师要求：中级职称以上，同时具备安全生产能力考核证书，经公司派驻，出具红头字文件。

关于聘任项目安全工程师的通知，范文如下：

××××建筑工程有限公司

关于聘任××为项目安全工程师的通知

×××××项目部：

现聘任×××为×××项目工程安全工程师（工程师证书号：××××××××××；安全生产考核证书号：××××××××××）并负责建立健全项目各级安全生产责任制，全面落实各项安全管理工作，任期时间从工程开工至竣工为止。

特此通知。

　　　　　　　　　　　　　　　　　　　　　　　　×××××××建筑工程有限公司
　　　　　　　　　　　　　　　　　　　　　　　　××××年××月××日

安全工程师日志

（二〇　　年　　月）

工程项目名称：＿＿＿＿＿＿＿＿＿＿＿＿＿＿＿＿

工程项目地址：＿＿＿＿＿＿＿＿＿＿＿＿＿＿＿＿

施工企业名称：＿＿＿＿＿＿＿＿＿＿＿＿＿＿＿＿

项目安全工程师：＿＿＿＿＿＿＿＿＿＿＿＿＿＿＿

成都市建设工程施工安全监督站　制

安全工程师日志填写说明

1. 安全工程师日志由项目安全工程师负责填写，公司安全部门每月审核。

2. 填写的内容必须真实、准确、全面，力求详细、严谨。

3. 填写现场安全员以及安全协管员在岗情况及其工作情况。

4. 重点描述施工现场重大危险点源跟踪检查情况，如：记录施工现场模板支撑系统、脚手架、"三宝、四口、五临边"等安全设施的安全检查情况；现场临时用电、起重设备（（塔吊、施工电梯、龙门架）等机械施工设备的运行情况。

5. 记录特种作业人员持证上岗情况。

6. 详细记录施工现场总平面管理、出入口、道路冲洗设施、打围作业、保洁人员、湿法作业等以及宿舍、食堂、

厕所、民工夜校、民工浴室等的使用、管理情况。

7. 记录项目安全资金投入情况。

8. 记录对问题的处理情况、排除隐患的措施及结果。对当日不能及时消除的隐患应立即报告公司安全管理部门。

9. 其他，包括建设、监理要求的其他内容、各级有关单位检查情况及指示。

《成都建设委员会关于完善施工现场安全管理人员配备的实施意见》（城建委发〔2008〕101号）

摘录如下：

……

一、岗位的设立

按照"安全生产，群防群治"的指导思想，工程规模在5 000 m² 以上的项目，每个项目部配备一名专职安全工程师，每50名工人设置1名专职安全员，每10名工人设置1名安全协管员。

二、岗位职责和权力

（一）安全工程师

1. 安全工程师由施工企业直接委派，享受项目部领导班子成员待遇，协助项目经理对施工现场进行转职安全管理。具体领导转职人员，负责制订安全生产专项经费使用计划，监督资金使用情况。

2. 负责落实施工现场项目部安全生产责任制及各项规章制度管理制度，贯彻执行国家、公司和项目部各项安全法规和制度要求，安排落实各项日常检查。

3. 支持施工项目安全生产宣传教育活动；组织危险性较大的部分、分项工程专项施工方案的编制和审核，督促履行专家审查程序；组织编制安全生产应急预案并负责落实应急演练工作；验收安全防护设施及防护用品是否符合专项施工方案和标准规范要求。

4. 定期组织安全检查并实施处罚，对存在重大安全隐患的施工部位，有权作出局部停工决定，并对安全隐患整改措施的落实情况负责；如实向行政主管部门及公司反映施工项目安全管理情况，主动协助行政主管部门及公司对施工项目的安全检查活动；处理突发事故，总结事故教训，落实防范措施。

（二）专职安全员

1. 建立安全资料档案制度，做好各类安全报表、台账的整理与保管工作；对安全生产的薄弱环节及重大危险点源的变化情况进行全过程监控。

2. 做好新工人上岗前的三级教育，组织工人学习劳动纪律，审核特种作业人员上岗培训情况；督促班组每天进行自检，做好安全交底记录；指导安全协管员开展安全工作，组织安全活动，推广行进经验。

3. 负责监督检查现场安全生产情况，发现违反安全生产规章制度的行为应立即制止，并行使经济处罚权；对安全隐患提出整改意见。发现安全隐患及时向安全工程师报告，同时还应当采取有效措施，防止安全隐患扩大。

4. 发生伤亡事故应及时负责伤亡救护，保护好事故现场并立即向安全工程师和有关部门汇报。

（三）安全协管员

1. 组织工人认真学习和掌握本工种安全操作规程及有关的安全知识，自觉遵守安全生产的各项制度和劳动纪律，树立"安全第一"的思想。对严格遵守安全规章制度者，提出奖励意见；对违章蛮干者，提出惩罚意见。

2. 督促工人正确使用防护用品、安全施工和工具，爱护安全标志，服从分配，坚守岗位，不随便开动他人操作的机电设备，不无证进行特殊作业。

3. 随时检查工作岗位的环境和使用的工具、材料、机电设备，做好文明生产和各种机具的维护保养工作，积极提出促进安全生产、改善劳动条件和合理化建议。有权拒绝违章指令，凡情节严重的违章指挥，应立即报告有关部门。

4. 发生事故和未遂事故，应立即报告安全员并保护现场。

……

二〇〇八年三月五日

工程项目安全员名单

序号	姓名	性别	安全管理能力考核编号	所属企业	备注

工程项目安全协管员名单

序号	姓名	性别	安全管理能力考核编号	所属企业	备注

工程项目安全协管员名单

序号	姓名	性别	安全管理能力考核编号	所属企业	备注

安全工程师日志

日期：_____年_____月_____日（星期_____）；天气_____；最高气温：_____℃最低气温：_____℃

当天工作情况：

1. 土建方面

2. 机电方面

3. 文明施工方面

4. 土建方面

5. 机电方面

6. 文明施工方面

存在的问题及处理情况：

项目安全工程师（签字）： 年 月 日

公司安全管理部门审核意见

审核意见：

审核人（签字）：　　　　　　　　　　　　　　　　　　　　年　　月　　日

（2）专职安全员。

施工现场应配备与承建工程相适应的专职安全管理人员。建设部规定专职安全管理人员按以下要求配备：

① 施工现场专职安全管理人员的配备。

a. 建筑工程、装修工程按照建筑面积：

- $1 \times 10^4 \, m^2$ 及以下的工程至少 1 人；
- $(1 \sim 5) \times 10^4 \, m^2$ 的工程至少 2 人；
- $5 \times 10^4 \, m^2$ 以上的工程至少 3 人，应当设置安全主管，按土建、机电设备等专业设置专职安全生产管理人员。

b. 土木工程、线路管道、设备按照安装总造价。

- 5 000 万元以下的工程至少 1 人；
- 5 000 万 ～ 1 亿元的工程至少 2 人；
- 1 亿元以上的工程至少 3 人，应当设置安全主管，按土建、机电设备等专业设置专职安全生产管理人员。

② 劳务包单位项目安全人员配备。

劳务分包企业建设工程项目施工人员 50 人以下的，应当设置 1 名专职安全生产管理人员；50 ～ 200 人的，应设 2 名专职安全生产管理人员；200 人以上的，应根据所承担的分部分项工程施工危险实际情况增配，并不少于企业总人数的 5‰。

《成都市建设委员会关于完善施工现场安全管理人员配备的实施意见》（成建委发〔2008〕101 号）规定：专职安全管理人员按每 50 名工人设置 1 名专职安全员，每 10 名工人设置 1 名安全协管员。

工程项目办理施工许可证时，备案窗口根据工程规模对施工现场配备的安全管理人员的能力考核证进行压证管理，换发吊牌（吊牌盖章有效）。

安全生产考核分格证的有效期为 3 年，证书在全国范围内有效。有效期届满需要延续的，安全管理人员应在有效期届满 3 个月内，由本人通过受聘企业向原考核机关申请延续。准予证书延续的，证书有效期延续 3 年。具体内容可参考《建筑施工企业主要负责人、项目负责人和专职安全生产管理人员安全生产管理规定》（住建部 17 号令）。

安全生产各级人员的"安全生产考核合格证书"及胸牌参阅图 5.4。

（a）

（b）

（c）

（d）

图 5.4　安全生产考核合格证书及胸牌

工 地 安 全 日 志

工程名称：_____

施工单位：_____

目　录

工　地　安　全　日　志

说明：

日志内容包括：施工现场当天安全生产工作情况；项目部安全活动、安全例会、职工遵章守纪情况；定期治安保卫检查和卫生检查情况；不定期对职工开展卫生防病宣传教育情况；社区服务工作以及上级部门检查等简要情况。

工 地 安 全 日 志

日期		项目经理	
日记内容			
		记录人：	
日期		项目经理	
日记内容			
		记录人：	
公司安全部门审查意见			

注：每月底送公司安全部门。

4. 特殊工种岗位证书

《建设工程安全生产管理条例》第二十五条、《建筑起重机械安全监督管理规定》第二十五条、《四川省建筑施工现场安全监督检查暂行办法》第二十一条等文件规定：施工现场从事作业的人员应取得特种作业操作资格证书后方可上岗。特种作业工人包括：高处作业吊篮安装拆卸工、起重机械安装拆卸工、起重机械司机、起重信号司索工、架子工、建筑电工、爆破作业人员。施工现场项目部应核对作业人员的特种作业操作资格证书后，留存复印件（加盖原件存放处鲜章），并将特种作业人员名单汇总制定成册（参考表5.6）。施工单位针对特种作业应对以下内业资料进行管理，相应资料应报监理单位审核备案：

（1）建立特种作业人员和中小型机械操作工名册。

（2）施工单位应保留特种作业人员操作资格证书。

表 5.6　特种作业人员花名册

单位名称：　　　　　工程名称：

序号	姓名	性别	年龄	工种	操作证号码	培训时间	复审纪录	备注

注：本表应附培训证明材料。

5. 对分包单位的管理

主要依据：《房屋建筑和市政基础设施工程施工分包管理办法》（建设部令第124号）中第五条"房屋建筑和市政基础设施工程施工分包分为专业工程分包和劳务作业分包"、第十条"分包工程发包人应当在订立分包合同后7个工作日内，将合同送工程所在地县级以上地方人民政府建设行政主管部门备案（参考表5.7）。分包合同发生重大变更的，分包工程发包人应当自变更后7个工作日内，将变更协议送原备案机关备案。"

表 5.7　成都市建设工程施工分包合同备案受理登记表——劳务分包项目卡

工程名称						
建设地址						
建设规模		建筑层数		层	构筑物高度	m
建设单位					法定代表人	
发包人					法定代表人	
分包承包人					法定代表人	
分包承包人资质						
分包中标价（万元）						
分包合同价（万元）						

需提交的施工分包合同备案资料：
1. 分包合同〈协议书〉（原件 5 份），法定代表人授权签订合同的，还应提交法定代表人授权委托书（原件 1 份）；
2. 分包承包人资质证书；
3. 分包承包人安全生产许可证；
4. 《成都市建设工程施工合同备案表》（复印件 1 份）。

报送单位（盖章）		报 送 人	
		联系电话	

注：报送单位（发包人）应根据建设工程情况如实填写表内内容，并将此表及施工分包合同备案资料交工作人员
　　进行备案。

施工单位应在分包合同中规定安全生产方面的权利和义务。施工单位应对分包单位的资质和人员资格进行管理。施工现场应保留分包单位安全生产许可证、资质证明和提供施工现场安全控制的要求及规定。施工单位应向项目部提供符合安全管理要求的合格分包方名录（参考表 5.8），并定期审核、更新。施工现场应保留 50 人以上规模的分包单位所配备专、兼职安全生产管理人员的名单（参考表5.9），并收存专职安全管理人员能力考核证书复印件（加盖分包单位鲜章）。

表 5.8　合格分包方名录

序号	企业名称	资质等级	分包项目	负责人	电话
1					
2					
3					
4					
5					
6					
7					
8					
9					
10					
11					
12					
13					

填报单位：

注：合格方名录以当年公布为准。

表 5.9 本工程分包方名录

工程名称：

序号	企业名称	类别	资质等级	承包性质	负责人	人数
1						
2						
3						
4						
5						
6						
7						
8						
9						
10						
11						
12						
13						
14						
15						
16						
17						

6. 施工单位对材料、设备防护用品供应单位的管理

施工单位应向项目部提供合格的安全设施所需材料、设备及防护用品供应商名录；项目部应核对供应单位提供的产品相关文件，归档留存，并报监理单位审查备案。

7. 安全教育资料

（1）三级教育卡汇总表（参考表 5.10）。

表 5.10　工人入场"三级"教育卡汇总表

单位名称：　　　　　　　　工程名称：

序号	姓名	性别	年龄	身份证号码	工种	电话	入场时间	教育时间	退场时间

制表人：　　　　　　　　　　　　　　制表时间：

（2）三级教育卡（参考表 5.11）。

表 5.11　"三级"安全教育记录卡

姓　　　名：＿＿＿＿＿＿＿＿＿＿　　编　　　号：＿＿＿＿＿＿＿＿＿＿

出生年月：＿＿＿＿＿＿＿＿＿　　身份证号码：＿＿＿＿＿＿＿＿＿

家庭住址：＿＿＿＿＿＿＿＿＿　　单位名称：＿＿＿＿＿＿＿＿＿

班组及工种：＿＿＿＿＿＿＿＿　　进场日期：＿＿＿＿＿＿＿＿＿

三级安全教育内容		教育人	受教育人
一级教育	进行安全基本知识、法规、法制教育，主要内容有： 1. 党和国家的安全生产方针、政策； 2. 安全生产法规、标准和法制观念； 3. 本单位施工过程中涉及的安全生产规章制度、安全纪律； 4. 本单位安全生产形势和历史上发生的重大事故及应吸取的教训； 5. 发生事故后如何抢救伤员、排险、保护现场和及时进行报告	签名： 年　月　日	签名：
二级教育	进行现场规章制度和遵章守纪教育，主要内容有： 1. 本单位施工特点和施工安全基本知识； 2. 本单位（包括施工、生产现场）安全生产制度、规定及安全注意事项； 3. 本工种的安全技术操作规程； 4. 高处作业、机械设备、电气安全基础知识； 5. 防火、防毒、防尘、防爆知识以及紧急情况安全处置和安全疏散知识； 6. 防护用品发放标准及防护用品、用具使用的基本知识	签名： 年　月　日	签名：
三级教育	进行本工种岗位安全操作及班组安全制度、纪律制度教育，主要内容有： 1. 本班组作业特点及安全操作规程； 2. 班组安全活动制度及纪律； 3. 爱护和正确使用安全防护装置（设施）及个人劳动保护用品； 4. 本岗位易发生事故的不安全因素及其防范对策； 5. 本岗位的作业环境以及使用的机械设备、工具的安全要求	签名： 年　月　日	签名：

注：建筑业企业新进场的工人，必须接受公司、项目、班组的三级安全培训教育，经考核合格后，方能上岗。公司一级的培训教育时间不得少于 15 学时，项目的培训教育时间不得少于 15 学时，班组的培训教育时间不得少于 20 学时。

（3）新材料、新工艺、新技术、新设备操作使用人员以及待岗复工、转岗、换岗人员安全教育卡
（参考表 5.12）。

表 5.12　安全教育卡

安全教育内容		教育人	受教育人
原工种＿＿＿＿＿＿ 新工种＿＿＿＿＿＿ 新材料＿＿＿＿＿＿ 新工艺＿＿＿＿＿＿ 新技术＿＿＿＿＿＿ 新设备＿＿＿＿＿＿		签名： 　年　　月　　日	签名

（4）经常性教育、季节性和节假日前后的安全教育记录表（参考表 5.13）。

表 5.13　安全教育记录表

单位名称		主讲单位		主讲人	
工程名称		受教育单位		人　数	
教育内容：					
				记录人：	
参加人员（签名）：					

（5）班组长培训档案和班组其他人员培训档案。

根据国务院安委会办公室《关于贯彻落实国务院〈通知〉精神加强企业班组长安全培训工作的指导意见》（安委办〔2010〕27号）文件要求，企业每年应组织本企业班组长轮训一遍；班组新上岗的从业人员必须按照《生产经营单位安全培训规定》，经过相应安全培训并考核合格后上岗。已在岗的班组长每年接受安全培训的时间不得少于24学时，班组其他员工每年接受安全培训的时间不得少于16学时。企业应加强对班组长及班组作业人员的安全培训并建立培训记录，参考表5.14。

表 5.14　施工现场管理人员、班组长培训记录表

姓名	职务（工种）	教育内容	学时	受教育地点

注：本表应附培训教育的证明材料如下：

＿＿＿＿＿＿＿＿班组长安全培训记录

工程名称：　　　　　　　　　　　　　　　班组：

主要内容：

1. 本企业安全生产状况及安全生产规章制度。

2. 岗位存在的危险、有害因素及安全操作规程。

3. 作业设备安全使用与管理。

4. 作业条件与环境改善。

5. 个人劳动防护用品的使用和维护。

6. 作业现场安全标准化。

7. 现场安全检查与隐患排查治理；现场应急处置和自救互救；本企业、本行业典型事故案例；班组长的职责和作用。

8. 员工的权利与义务。

9. 与员工沟通的方式和技巧。

10. 班组安全生产的组织管理及"白国周班组管理法"等先进的班组安全管理经验等。

培训人		被培训人		年　　月　　日

（6）民工夜校培训计划及记录。

施工项目部应根据工程施工进度及作业人员进场情况，合理安排安全教育、培训计划，做好教育、培训记录及受教育人员签到工作，参考表 5.15、5.16。

表 5.15　民工夜校教育培训计划

工程名称：

序号	授课时间	授课人	授课内容	授课对象	备注

注：施工过程中，根据施工班组进场时间，做好民工培训。另外，每月需进行至少一次民工教育培训。

表 5.16　民工夜校培训记录

工程名称：

授课时间		主讲单位（部门）		主讲人	
授课内容		受教育单位（班组）		听课人数	

教育内容：

（记录内容较多，可附页）　　　　记录人：

参加人员（签名）：

注：请参阅《成都市房屋建筑和市政基础设施工程施工现场暂行标准（环境和卫生）》及补充修定条款（成建委发〔2004〕218、〔2007〕83号）。

8. 班前安全活动

建设、监理以及施工单位应共同建立健全施工现场班前安全活动制度，根据施工现场的实际情况和安全操作规程、专项方案（施工组织设计）要求，明确班组作业特点，在班前指出易导致发生事故的不安全因素及其防范对策，同时应详细描述作业环境与提出使用的机械设备、工具的安全要求，强调突发事故的防范措施。建筑施工项目的班组应对每一项班前活动情况、检查情况、讲评活动内容等详细记录，参考表5.17。

表 5.17　班前安全教育活动、周讲评记录

时间	班组名称	负责人	作业内容	作业人员（签名）	危险点（架子、机具、孔洞）	教育内容一般项	教育内容特殊项	教育项目	安全员	工班长
						①进入施工现场必须佩戴好个人防护用品，尤其正确戴好安全帽、安全带和胶手套等。②严禁酒后上班。③使用振动棒、输送泵、电焊机、对焊机、木刨机等切断机、电焊机等设备时必须检查其是否有安全隐患，发现问题及时通知工班负责人进行修理，各种设备不得带病作业。④在搬运设备必须按操作规程操作。④在搬运钢筋、模板和脚手架等时要绕开各种孔洞并保持一定的安全距离。⑤没有特种操作证者不得从事相应的特殊工种。⑥电气焊部位备好灭火器。⑦施工现场的电线必须遵守码放规矩放置。⑧采用龙门吊运送钢筋、模板和脚手架等重物时注意捆牢且让龙门吊底下的人选让。⑨电气焊部位备好灭火器。⑩输送管必须接牢固，卡扣上紧到位。⑪注意避开输送管的前方，在吹管时，其前方30 m之内要警戒。⑫氧气瓶、乙炔瓶要相距5.0 m，乙块瓶必须经安全工区置回火器。⑬使用的各种架子必须经安全员验收之后才能使用。⑭高空作业者必须正确使用安全带，并将其拴牢。				

周日讲评：

安全员：

安全教育要包括如下几项：①个人防护、个人状态；②机具设备；③持证上岗；④隐患排除；⑤用电管、氧气和乙炔；⑥吊运作业；⑦架子；⑧孔洞；⑨其他。

9. 检查记录

施工现场安全检查记录应包括：

①　定期检查记录［施工企业、项目部应按照《建筑施工安全检查标准》（JGJ59—2011）进行检查］，施工现场应留存备查，并报监理备案。

②　安全工程师、专职安全员的日常检查记录（通过安全工程师日志、工地安全员日志反映）。

③　专项检查记录。

④　季节性检查记录、节假日前后检查记录。对查出的安全隐患应做到定人、定时、定措施进行整改，并有复查情况记录；对重大安全隐患的整改必须由企业负责人挂牌督办，限期完成。

（1）施工企业负责人和项目负责人带班检查记录。

成都市建设工程施工企业负责人带班检查记录

施工总包单位		工程名称		天气情况
其他参考检查人员		检查日期	年　月　日	形象进度
检查内容	根据 JGJ59—2011 及相关法律法规、规范标准对包括危险性较大的分部分项工程在内的安全管理和实物状况、施工现场履职情况及隐患整改回复方式等括：现场以往日、周检查发现的隐患整改情况包	检查人员	带队检查负责人：	

存在隐患情况

序号	隐患代号	重复隐患	隐患内容	要求完成整改的日期以及整改回复方式
1				
2				
3				

检查的评价和下一步工作要求：

带队检查负责人签名（并盖企业章）：

项目负责人签名：

注：① 隐患代号分六类，即：管理、包括制度、人员配置、持证上岗、方案、教育交底等；用电；安全设备；个人防护用品；机械设备；其他。
② 重复发生的隐患，则在"重复隐患"栏中打"√"。
③ 本表一式三份，施工企业、项目部、监理单位各留一份。

成都市建设工程施工单位项目负责人带班生产情况记录表

工程名称：

序号	日期	带班生产过程中发现问题及处理情况	带班生产人签名	备注

注：① 本表由项目负责人（或代行其承担管理工作的人员）填写。
② 当天如有施工单位负责人带班检查，则在备注栏中注明。

（2）专项检查记录、季节性检查记录、节假日前后检查记录等。

安全检查记录表

检查类型：　　　　　　　　　　　　　　　　　　　　　　编号：

单位名称		工程名称		检查时间	
检查单位					
检查项目或部位					
参加检查人员					
检查记录：					
处理意见：				参加检查人员：	
隐患整改情况：				项目经理： 安全工程师：	

　　　　　　　　　　　　　　　　　　　　　　　　　　　　　填表人：

注：建筑施工安全检查评分汇总表：建筑施工企业按照《四川省建筑施工现场安全监督检查暂行办法》的要求，组织建设单位、监理单位根据《建筑施工安全检查标准》（JGJ59—2011）对施工现场进行检查，并对检查情况进行汇总，填写汇总表。施工单位在进行到工程的下列部位时（对于房屋建筑工程，施工到了不同的施工阶段，均应进行检查。）以此检查结果结合建设工程施工安全监督机构对施工企业安全生产、文明施工日常行为的检查评价情况作为安全文明施工措施费计费依据。

（1）基础施工阶段：

① 深基坑工程在基坑开挖深度超过3m时和顶板浇筑前；

② 人工挖孔桩工程在施工进行到50%时；

③ 浅基础工程基础施工完成时。

（2）主体施工阶段：

① 高大模板工程混凝土浇筑前；

② 10层及其以下的房屋建筑工程在施工完成3层和封顶时分别进行一次；

③ 10层以上的房屋建筑工程，除在施工完成3层和封顶时分别进行一次外，还应在每完成10层时，分别进行一次。

（3）装饰装修施工阶段：

① 10层及其以下的房屋建筑工程在施工完成装饰工程量的30%和70%时；

② 10层以上的房屋建筑工程，在施工完成装饰工程量的30%、60%和90%时；

③ 单独报监的装饰工程在施工完成工程量的30%、70%时；

④ 外脚手架拆除前。

此外，对于市政基础设施工程和独立报监的装饰装修工程，完成一定工作量时应进行检查。

（1）工程开工1个月或完成工程量的15%时；

（2）工程每进行2个月或完成工程量的70%时；

（3）工程即将全部投入使用时。

建筑施工安全检查评分汇总表

安监编号：

工程名称				建筑面积		m²
工程地址				结构层数		
建设单位				项目经理		
监理单位				形象进度		
施工单位				联系电话		

总计得分（100分）	项目及评分									
	安全管理（10分）	文明施工（15分）	脚手架（10分）	基坑工程（10分）	模板支架（10分）	高处作业（10分）	施工用电（10分）	物料提升机与施工升降机（10分）	塔式起重机与起重吊装（10分）	施工机具（5分）

施工单位自查意见：
施工单位负责人（签字）：　　　　　　　　　　　　　　　施工单位（盖章） 　　　　　　　　　　　　　　　　　　　　　　　　　　　　年　　月　　日
监理单位检查意见：
总监理工程师（签字）：　　　　　　　　　　　　　　　　监理单位（盖章） 　　　　　　　　　　　　　　　　　　　　　　　　　　　　年　　月　　日
建设单位检查意见：
建设单位代表（签字）：　　　　　　　　　　　　　　　　建设单位（盖章） 　　　　　　　　　　　　　　　　　　　　　　　　　　　　年　　月　　日

注：此表一式四份，施工单位、监理单位、建设单位、安监站各一份。

表 1　安全管理检查评分表

序号	检查项目		扣分标准	应得分数	扣减分数	实得分数
1	保证项目	安全生产责任制	① 未建立安全生产责任制，扣10分； ② 安全生产责任制未经责任人签字确认，扣3分； ③ 未配备各工种安全技术操作规程，扣2~10分； ④ 未按规定配备专职安全员，扣2~10分； ⑤ 工程项目部承包合同中未明确安全生产考核指标，扣5分； ⑥ 未制定安全生产资金保障制度，扣5分； ⑦ 未编制安全资金使用计划及未按计划实施，扣2~5分； ⑧ 未制订安全生产管理目标(伤亡控制、安全达标、文明施工)，扣5分； ⑨ 未进行安全责任目标分解，扣5分； ⑩ 未建立安全生产责任制、责任目标考核制度，扣5分； ⑪ 未按考核制度对管理人员定期考核，扣2~5分	10		
2		施工组织设计	① 施工组织设计中未制定安全措施，扣10分； ② 危险性较大的分部分项工程未编制安全专项施工方案，扣10分； ③ 未按规定对超过一定规模的危险性较大的分部分项工程专项方案组织专家论证，扣10分； ④ 施工组织设计、专项方案未经审批，扣10分； ⑤ 安全技术措施、专项施工方案无针对性或缺少设计计算，扣2~8分； ⑥ 未按施工组织设计、专项施工方案组织实施，扣2~10分	10		
3		安全技术交底	① 未进行书面安全技术交底，扣10分； ② 未按分部分项进行交底，扣5分； ③ 交底内容不全面或针对性不强，扣2~5分； ④ 交底未履行签字手续，扣4分	10		
4		安全检查	① 未建立安全检查制度，扣10分； ② 未留有安全检查记录，扣5分； ③ 事故隐患的整改未做到定人、定时间、定措施，扣2~6分； ④ 对重大事故隐患的整改通知书所列项目未按期整改和复查，扣5~10分	10		
5		安全教育	① 未建立安全培训、教育制度，扣10分； ② 施工人员入场未进行三级安全教育和考核，扣5分； ③ 未明确具体安全教育内容，扣2~8分； ④ 变换工种时或采用新技术、新设备、新工艺、新材料施工未进行安全教育，扣5分； ⑤ 施工管理人员、专职安全员未按规定进行年度培训考核，每人扣2分	10		
6		应急预案	① 未制订安全生产应急预案，扣10分； ② 未建立应急救援组织或未按规定配备救援人员，扣2~6分； ③ 未定期进行应急救援演练，扣5分； ④ 未配置应急救援器材，扣5分	10		
	小　计			60		
7	一般项目	分包单位安全管理	① 分包单位资质、资格、分包手续不全或失效，扣10分； ② 未签订安全生产协议书，扣5分； ③ 分包合同、安全协议书签字盖章手续不全，扣2~6分； ④ 分包单位未按规定建立安全组织、配备安全员，扣2~6分	10		
8		持证上岗	① 未经培训从事特种作业，每人扣5分； ② 项目经理、专职安全员、特种作业人员未持操作证上岗，每人扣2分	10		
9		生产安全事故处理	① 生产安全事故发生后未按规定上报，扣10分； ② 未按规定对生产安全事故进行调查分析处理，制定防范措施，扣10分； ③ 未依法为施工作业人员办理保险，扣5分	10		
10		安全标志	① 主要施工区域、危险部位的设施未按规定悬挂安全标志，扣2~6分； ② 未绘制现场安全标志布置总平面图，扣3分； ③ 未按部位和现场设施的改变调整安全标志设置，扣2~6分； ④ 未设置重大危险源公示牌，扣5分	10		
	小　计			40		
检查项目合计				100		

表 2　文明施工检查评分表

序号	检查项目		扣分标准	应得分数	扣减分数	实得分数
1		现场围挡	① 在市区主要路段的工地周围未设置高于 2.5 m 的封闭围挡，扣 5～10 分； ② 一般路段的工地周围未设置高于 1.8 m 的封闭围挡，扣 5～10 分； ③ 围挡材料不坚固、不稳定、不整洁、不美观，扣 5～10 分	10		
2	保证项目	封闭管理	① 施工现场出入口未设置大门，扣 10 分； ② 未设置门卫室，扣 5 分； ③ 未设门卫或未建立门卫制度，扣 2～6 分； ④ 进入施工现场不佩戴工作卡，扣 2 分； ⑤ 施工现场出入口未标有企业名称或标识，扣 2 分； ⑥ 未设置车辆冲洗设施，扣 3 分	10		
3		施工场地	① 现场主要道路未进行硬化处理，扣 5 分； ② 现场道路不畅通、路面不平整坚实，扣 5 分； ③ 现场未采取防尘措施，扣 5 分； ④ 排水设施不齐全或排水不通畅、有积水，扣 5 分； ⑤ 未采取防止泥浆、污水、废水污染环境措施，扣 2～10 分； ⑥ 未设置吸烟处、随意吸烟，扣 5 分； ⑦ 温暖季节未进行绿化布置，扣 3 分	10		
4		现场材料	① 建筑材料、构件、料具不按总平面布局码放，扣 4 分； ② 材料码放不整齐，未标明名称、规格，扣 2 分； ③ 施工现场材料存放未采取防火、防锈蚀、防雨措施，扣 3～10 分； ④ 建筑物内施工垃圾的清运未采用器具或管道运输，扣 5 分； ⑤ 易燃易爆物品未分类存储于专用库房、未采取防火措施，扣 5～10 分	10		
5		现场办公与住宿	① 施工作业区、材料存放区与办公区、生活区未采取隔离措施，扣 6 分； ② 宿舍、办公用房防火防等级不符合有关消防安全技术规范，扣 10 分； ③ 在施工程、伙房、库房兼做住宿，扣 10 分； ④ 宿舍未设置开启式窗户，扣 4 分； ⑤ 宿舍未设置床铺、床铺超过 2 层或通道宽度小于 0.9 m，扣 2～6 分； ⑥ 宿舍人均面积或人员数量不符合规范要求，扣 5 分； ⑦ 冬季，宿舍未采取保暖和防一氧化碳中毒措施，扣 5 分； ⑧ 夏季，宿舍未采取消暑和防蚊蝇措施，扣 5 分； ⑨ 生活用品摆放混乱、环境不卫生，扣 3 分	10		
6		现场防火	① 未制订消防安全管理制度或消防措施，扣 10 分； ② 现场临时用房和作业场所的防火设计不符合规范要求，扣 10 分； ③ 施工现场消防通道、消防水源的设置不符合规范要求，扣 5～10 分； ④ 施工现场灭火器材布局、配置不合理或灭火器材失效，扣 5 分； ⑤ 未办理动火审批手续或未指定动火监护人员，扣 5～10 分	10		
	小　计			60		
7	一般项目	综合治理	① 生活区未设置供作业人员学习和娱乐的场所，扣 2 分； ② 施工现场未建立治安保卫制度、责任未分解到人，扣 3～5 分； ③ 施工现场未制定治安防范措施，扣 5 分	10		
8		公开标牌	① 大门口处设置的公开标牌内容不全，扣 2～8 分； ② 标牌不规范、不整齐，扣 3 分； ③ 未设置安全标语，扣 3 分； ④ 未设置宣传栏、读报栏、黑板报，扣 2～4 分	10		
9		生活设施	① 未建立卫生责任制度，扣 5 分； ② 食堂与厕所、垃圾站、有毒有害场所距离较近，扣 2～6 分； ③ 食堂未办理卫生许可证或未办理炊事人员健康证，扣 5 分； ④ 食堂使用的燃气罐未单独设置存放间或存放间通风条件不好，扣 2～4 分； ⑤ 食堂未配备排风、冷藏、消毒、防鼠、防蚊蝇等设施，扣 4 分； ⑥ 厕所内的设施数量和布局不符合规范要求，扣 2～6 分； ⑦ 厕所卫生未达到规定要求，扣 4 分； ⑧ 不能保证现场人员卫生饮水，扣 5 分； ⑨ 未设置淋浴室或淋浴室不能满足现场人员需求，扣 4 分； ⑩ 生活垃圾未装容器或未及时清理，扣 3～5 分	10		
10		社区服务	① 夜间未经许可便进行施工，扣 8 分； ② 施工现场焚烧各类废弃物，扣 8 分； ③ 未采取防粉尘、防噪声、防光污染等措施，扣 5 分； ④ 未建立施工扰民防范措施，扣 5 分	8		
	小　计			40		
	检查项目合计			100		

表3　扣件式钢管脚手架检查评分表

序号	检查项目		扣分标准	应得分数	扣减分数	实得分数
1	保证项目	施工方案	① 架体搭设未编制专项施工方案或未按规定审核、审批，扣10分； ② 架体结构设计未进行设计计算，扣10分； ③ 架体搭设超过规范允许高度的专项施工方案未按规定组织专家论证，扣10分	10		
2		立杆基础	① 立杆基础不平、不实、不符合专项施工方案要求，扣5~10分； ② 立杆底部底座、垫板设置或垫板的规格不符合规范要求，每处扣2~5分； ③ 未按规范要求设置纵、横向扫地杆，扣5~10分； ④ 扫地杆的设置和固定不符合规范要求，扣5分； ⑤ 未设置排水措施，扣8分	10		
3		架体与建筑结构拉结	① 障碍架体与建筑结构拉结或间距不符合规范要求，每处扣2分； ② 架体底层第一步纵向水平杆处未按规定设置连墙件或未采用其他可靠措施固定，每处扣2分； ③ 搭设高度超过24 m的双排脚手架未采用刚性连墙件与建筑结构可靠连接，扣10分	10		
4		杆件间距与剪刀撑	① 立杆、纵向水平杆、横向水平杆间距超过规范要求，每处扣2分； ② 未按规定设置纵向剪刀撑或横向斜撑，每处扣5分； ③ 剪刀撑未沿脚手架高度连续设置或角度不符合要求，扣5分； ④ 剪刀撑斜杆的接长或剪刀撑斜杆与架体杆件的固定不符合要求，每处扣2分	10		
5		脚手板与防护栏杆	① 脚手板未满铺或铺设不牢、不稳，扣5~10分； ② 脚手板规格或材质不符合要求，扣5~10分； ③ 每有一处探头板，扣2分； ④ 架体外侧未设置密目式安全网封闭或网间不严，扣5~10分； ⑤ 作业层防护栏杆不符合规范要求，扣5分； ⑥ 作业层未设置高度不小于180 mm的挡脚板，扣3分	10		
6		交底与验收	① 架体搭设前未进行交底或交底未留有记录，扣5~10分； ② 架体分段搭设分段使用未办理分段验收，扣5分； ③ 架体搭设完毕未办理验收手续，扣10分； ④ 验收内容未进行量化或经责任人签字确认，扣5分	10		
	小　计			60		
7	一般项目	横向水平杆设置	① 未在立杆与纵向水平杆交点处设置横向水平杆，每处扣2分； ② 未按脚手板铺设的需要增加设置横向水平杆，每处扣2分； ③ 双排脚手架横向水平杆只固定一端，每处扣2分； ④ 单排脚手架横向水平杆插入墙内的长度小于180 mm，每处扣2分	10		
8		杆件搭接	① 纵向水平杆搭接长度小于1 m或固定不符合要求，每处扣2分； ② 立杆除顶层顶步外采用搭接，每处扣4分； ③ 杆件对接扣件的布置不符合规范要求，扣2分； ④ 构件紧固力矩小于40 N·m或大于65 N·m，每处扣2分	10		
9		层间防护	① 作业层未采用安全平网兜底或作业层以下每隔10 m未采用安全平网封闭，扣5分； ② 作业层与建筑物之间未进行封闭，扣5分	10		
10		构配件材质	① 钢管直径、壁厚、材质不符合要求，扣5~10分； ② 钢管弯曲、变形、锈蚀严重，扣10分； ③ 扣件未进行复试或技术性能不符合标准，扣5分；	5		
11		通道	① 未设置人员上下专用通道，扣5分； ② 通道设置不符合要求，扣2分	5		
	小　计			40		
	检查项目合计			100		

表4　门式钢管脚手架检查评分表

序号	检查项目		扣分标准	应得分数	扣减分数	实得分数
1	保证项目	施工方案	① 未编制专项施工方案或未进行设计计算，扣10分； ② 专项施工方案未经审核、审批，扣10分； ③ 架体搭设高度超过规范允许范围，专项施工方案未组织进行专家论证，扣10分	10		
2		架体基础	① 架体基础不平、不实，不符合专项施工方案要求，扣5~10分； ② 架体底部未设置垫板或垫板的规格不符合要求，扣2~5分； ③ 架体底部未按规范要求设置底座，每处扣2分； ④ 架体底部未按规范要求设置扫地杆，扣5分； ⑤ 未采取排水措施，扣8分	10		
3		架体稳定	① 架体与建筑物结构拉结方式或间距不符合规范要求，每处扣2分； ② 未按规范要求设置剪刀撑，扣10分； ③ 门架立杆垂直偏差超过规范要求，扣5分； ④ 交叉支撑的设置不符合规范要求，每处扣2分	10		
4		杆件锁件	① 未按规定组装或漏装杆件、锁壁，扣2~6分； ② 未按规范要求设置纵向水平加固杆，扣10分； ③ 扣件与连接的杆件参数不匹配，每处扣2分	10		
5		脚手板	① 脚手板未满铺或铺设不牢、不稳，扣5~10分 ② 脚手板规格、材质不符合要求，扣5~10分 ③ 采用挂扣式钢脚手板时挂钩未挂在横向水平杆上或挂钩未处于锁住状态，每处扣2分	10		
6		交底与验收	① 脚手架搭设前未进行交底或交底未留有记录，扣5~10分； ② 脚手架分段搭设分段使用未办理分段验收，扣6分； ③ 脚手架搭设完毕未办理验收手续，扣10分； ④ 验收内容未进行量化或未经责任人签字，扣5分	10		
	小　计			60		
7	一般项目	架体防护	① 作业层防护栏杆不符合规范要求，扣5分； ② 作业层未设置高度不小于180 mm的挡脚板，扣3分； ③ 脚手架外侧未设置密目式安全网封闭或网间不严，扣5~10分； ④ 作业层脚手板未采用安全平网双层兜底，且以下每隔10 m未用安全平网封闭，扣5分	10		
8		材质	① 杆件变形、锈蚀严重，扣10分； ② 门架局部开焊，扣10分； ③ 构配件的规格、型号、材质或产品质量不符合规范要求，扣5~10分	10		
9		荷载	① 施工荷载超过设计规定，扣10分； ② 荷载堆放不均匀，每处扣5分	10		
10		通道	① 未设置人员上下的专用通道，扣10分； ② 通道设置不符合要求，扣5分	10		
	小　计			40		
检查项目合计				100		

表 5 碗扣式钢管脚手架检查评分表

序号	检查项目			扣分标准	应得分数	扣减分数	实得分数
1	保证项目		施工方案	① 未编制专项施工方案或未进行设计计算，扣10分； ② 专项施工方案未按规定审核、审批，扣10分； ③ 架体高度超过规范允许范围的专项施工方案未组织专家进行论证，扣10分	10		
2			架体基础	① 架体基础不平、不实，不符合专项施工方案要求，扣5~10分； ② 架体底部未设置垫板或垫板的规格不符合要求，扣2~5分； ③ 架体底部未按规范要求设置底座，每处扣2分； ④ 架体底部未按规范要求设置扫地杆，扣5分； ⑤ 未设置排水措施，扣8分	10		
3			架体稳定	① 架体与建筑结构未按规范要求拉结，每处扣2分； ② 架体底层第一步水平杆处未按规范要求设置连墙件或未采用其他可靠措施固定，每处扣2分； ③ 连墙件未采用刚性杆件，扣10分； ④ 未按规范要求设置竖向专用斜杆或八字形斜撑，扣5分； ⑤ 竖向专用斜杆两端未固定在纵、横向水平杆与立杆汇交的碗扣结点处，每处扣2分； ⑥ 竖向专用斜杆或八字形斜撑未沿脚手架高度连续设置或角度不符合要求，扣5分	10		
4			杆件锁件	① 立杆间距、水平杆步距超过规范要求，每处扣2分； ② 未按专项施工方案设计的步距在立杆连接碗扣结点处设置纵、横向水平杆，每处扣2分； ③ 架体搭设高度超过24 m时，顶部24 m以下的连墙件层未按规定设置水平斜杆，扣10分； ④ 架体组装不牢或上碗扣紧固不符合要求，每处扣2分	10		
5			脚手板	① 脚手板未满铺或铺设不牢、不稳，扣5~10分； ② 脚手板规格或材质不符合要求，扣5~10分； ③ 采用钢脚手板时，挂钩未挂扣在横向水平杆上或挂钩未处于锁住状态，每处扣2分	10		
6			交底与验收	① 架体搭设前未进行交底或交底未留有记录，扣5~10分； ② 架体分段搭设分段使用未办理分段验收，扣5分； ③ 架体搭设完毕未办理验收手续，扣10分； ④ 验收内容未进行量化或未经责任人签字，扣5分	10		
	小 计				60		
7	一般项目		架体防护	① 架体外侧未设置密目式安全网封闭或网间不严，扣5~10分； ② 作业层防护栏杆不符合规范要求，扣5分； ③ 作业层外侧未设置高度不小于180 mm的挡脚板，扣3分； ④ 作业层未用安全平网双层兜底，且以下每隔10 m未用安全平网封闭，扣5分	10		
8			材质	① 杆件弯曲、变形、锈蚀严重，扣10分； ② 钢管、构配件的规格、型号、材质或产品质量不符合规范要求，扣5~10分	10		
9			荷载	① 施工荷载超过设计规定，扣10分； ② 荷载堆放不均匀，每处扣5分	10		
10			通道	① 未设置人员上下专用通道，扣10分； ② 通道设置不符合要求，扣5分	10		
	小 计				40		
	检查项目合计				100		

表6　承插型盘扣式钢管支架检查评分表

序号	检查项目		扣分标准	应得分数	扣减分数	实得分数
1		施工方案	① 未编制专项施工方案或未进行设计计算，扣10分； ② 专项施工方案未按规定审核、审批，扣10分	10		
2		架体基础	① 架体基础不平、不实，不符合方案设计要求，扣5～10分； ② 架体立杆底部缺少垫板或垫板的规格不符合规范要求，每处扣2分； ③ 架体立杆底部未按要求设置底座，每处扣2分； ④ 未按规范要求设置纵、横向扫地杆，扣5～10分； ⑤ 未采取排水措施，扣8分	10		
3	保证项目	架体稳定	① 架体与建筑结构未按规范要求拉结，每处扣2分； ② 架体底层第一步水平杆处未按规范要求设置连墙件或未采用其他可靠措施固定，每处扣2分； ③ 连墙件未采用刚性杆件，扣10分； ④ 未按规范要求设置竖向斜杆或剪刀撑，扣5分； ⑤ 竖向斜杆两端未固定在纵、横向水平杆与立杆汇交的盘扣结点处，每处扣2分； ⑥ 斜杆或剪刀撑未沿脚手架高度连续设置或角度不符合要求，扣5分	10		
4		杆件	① 架体立杆间距、水平杆步距超过规范要求，扣2分； ② 未按专项施工方案设计的步距在立杆连接盘处设置纵、横向水平杆，每处扣2分； ③ 双排脚手架的每步水平杆层，当无挂扣钢脚手板时未按规范要求设置水平斜杆，扣5～10分	10		
5		脚手板	① 脚手板不满铺或铺设不牢、不稳，扣5～10分； ② 脚手板规格或材质不符合要求，扣5～10分； ③ 采用钢脚手板时挂钩未挂扣在水平杆上或挂钩未处于锁住状态，每处扣2分	10		
6		交底与验收	① 脚手架搭设前未进行交底或未留有交底记录，扣5～10分； ② 脚手架分段搭设分段使用未办理分段验收，扣5分； ③ 脚手架搭设完毕未办理验收手续，扣10分； ④ 验收内容未进行量化或未经责任人签字，扣5分	10		
小　计				60		
7	一般项目	架体防护	① 架体外侧未设置密目式安全网封闭或网间不严，扣5～10分； ② 作业层防护栏杆不符合规范要求，扣5分； ③ 作业层外侧未设置高度不小于180 mm的挡脚板，扣3分； ④ 作业层未用安全平网双层兜底，且以下每隔10 m未用安全平网封闭，扣5分	10		
8		杆件接长	① 立杆竖向接长位置不符合要求，每处扣2分； ② 剪刀撑的斜杆接长不符合要求，扣8分	10		
9		构配件材质	① 钢管、构配件的规格、型号、材质或产品质量不符合规范要求，扣5分； ② 钢管弯曲、变形、锈蚀严重，扣10分	10		
11		通道	① 未设置人员上下专用通道，扣10分； ② 通道设置不符合要求，扣5分	10		
小　计				40		
检查项目合计				100		

表7　满堂式脚手架检查评分表

序号	检查项目		扣分标准	应得分数	扣减分数	实得分数
1	保证项目	施工方案	① 未编制专项施工方案或未进行设计计算，扣10分； ② 专项施工方案未按规定审核、审批，扣10分	10		
2		架体基础	① 架体基础不平、不实、不符合专项施工方案要求，扣5~10分； ② 架体底部未设置垫木或垫木的规格不符合要求，扣2~5分； ③ 架体底部未按规范要求设置底座，每处扣2分； ④ 架体底部未按规范要求设置扫地杆，扣5分； ⑤ 未设置排水措施，扣8分	10		
3		架体稳定	① 架体四周与中间未按规范要求设置竖向剪刀撑或专用斜杆，扣10分； ② 未按规范要求设置水平剪刀撑或专用水平斜杆，扣10分； ③ 架体高宽比超过规范要求时未采取与结构拉结或其他可靠措施，扣10分	10		
4		杆件锁件	① 架体立杆间距、水平步距超过规范或设计要求，每处扣2分； ② 杆件接长不符合要求，每处扣2分； ③ 架体搭设不牢或杆件结点紧固不符合要求，每处扣2分	10		
5		脚手板	① 脚手板不满铺或铺设不牢、不稳，扣5~10分； ② 脚手板规格或材质不符合要求，扣5~10分； ③ 采用钢脚手板时挂钩未挂扣在水平杆上或挂钩未处于锁住状态，每处扣2分	10		
6		交底与验收	① 脚手架搭设前未进行交底或未留有交底记录，扣5~10分； ② 脚手架分段搭设分段使用未办理分段验收，扣5分； ③ 脚手架搭设完毕未办理验收手续，扣10分； ④ 验收内容未进行量化或未经责任人签字，扣5分	10		
	小　计			60		
7	一般项目	架体防护	① 作业层防护栏杆不符合规范要求，扣5分； ② 作业层外侧未设置高度不小于180 mm的挡脚板，扣3分； ③ 作业层未用安全平网双层兜底，且以下每隔10 m未用安全平网封闭，扣5分	10		
8		构配件材质	① 钢管、构配件的规格、型号、材质或产品质量不符合规范要求，扣5~10分； ② 杆件弯曲、变形、锈蚀严重，扣10分	10		
9		荷载	① 施工荷载超过设计规定，扣10分； ② 荷载堆放不均匀，每处扣5分	10		
10		通道	① 未设置人员上下专用通道，扣10分； ② 通道设置不符合要求，扣5分	10		
	小　计			40		
	检查项目合计			100		

表8 悬挑式脚手架检查评分表

序号	检查项目		扣分标准	应得分数	扣减分数	实得分数
1		施工方案	① 未编制专项施工方案或未进行设计计算，扣10分； ② 专项施工方案未经审核、审批，扣10分； ③ 架体搭设高度超过规范允许范围的专项施工方案未按规定组织专家进行论证，扣10分	10		
2	保证项目	悬挑钢梁	① 钢梁截面高度未按设计确定或截面形式不符合设计与规范要求，扣10分； ② 钢梁固定段长度小于悬挑段长度的1.25倍，扣10分； ③ 钢梁外端未设置钢丝绳或钢拉杆与上一层建筑结构拉结，每处扣2分； ④ 钢梁与建筑结构锚固措施不符合规范要求，每处扣5分； ⑤ 钢梁间距未按悬挑架体立杆纵距设置，扣5分	10		
3		架体稳定	① 立杆底部与钢梁连接处未设置可靠固定措施，每处扣2分； ② 承插式立杆接长未采取螺栓或销钉固定，每处扣2分； ③ 纵横向扫地杆的设置不符合规范要求，扣5~10分； ④ 未在架体外侧设置连续式剪刀撑，扣10分； ⑤ 未按规定设置横向斜撑，扣5分； ⑥ 架体未按规定与建筑结构拉结，每处扣5分	10		
4		脚手板	① 脚手板规格、材质不符合要求，扣5~10分； ② 脚手板未满铺或铺设不严、不牢、不稳，扣5~10分； ③ 每处探头板扣2分	10		
5		荷载	① 脚手架施工荷载超过设计规定，扣10分； ② 施工荷载堆放不均匀，每处扣5分	10		
6		交底与验收	① 架体搭设前未进行交底或未留有交底记录，扣5~10分； ② 架体分段搭设分段使用未办理分段验收，扣5分； ③ 架体搭设完毕未办理验收手续，扣10分； ④ 验收内容未进行量化或未经责任人签字，扣5分	10		
	小 计			60		
7		杆件间距	① 立杆间距、纵向水平杆步距超过设计和规范要求，每处扣2分； ② 未在立杆与纵向水平杆交点处设置横向水平杆，每处扣2分； ③ 未按脚手板铺设的需要增加设置横向水平杆，每处扣2分	10		
8	一般项目	架体防护	① 作业层防护栏杆不符合规范要求，扣5分； ② 作业层外侧未设置高度不小于180mm的挡脚板，扣3分； ③ 作业层未采用密目式安全网封闭或网间不严，扣5~10分	10		
9		层间防护	① 作业层脚手板下未采用安全平网双层兜底或作业层以下每隔10m未用安全平网封闭，扣5分； ② 作业层与建筑物之间未封闭，扣5分； ③ 架体底层沿建筑结构边缘、悬挑钢梁与悬挑钢梁之间未采取封闭或封闭不严，扣2~8分； ④ 架体底层未进行封闭或封闭不严，扣10分	10		
10		构配件材质	① 型钢、钢管、构配件规格及材质不符合规范要求，扣5~10分； ② 型钢、钢管弯曲、变形、锈蚀严重，扣10分	10		
	小 计			40		
检查项目各计				100		

表9 附着式升降脚手架检查评分表

序号	检查项目		扣分标准	应得分数	扣减分数	实得分数
1	保证项目	施工方案	① 未编制专项施工方案或未进行设计计算，扣10分； ② 专项施工方案未按规定审核、审批，扣10分； ③ 脚手架提升高度超过允许高度，专项施工方案未按规定组织专家论证，扣10分	10		
2		安全装置	① 未采用防坠落装置或技术性能不符合规范要求，扣10分； ② 防坠落装置与升降设备未分别独立固定在建筑结构上，扣10分； ③ 防坠落装置未设置在竖向主框架处与建筑结构附着，扣10分； ④ 未安装防倾覆装置或防倾覆装置不符合规范要求，扣5~10分； ⑤ 在升降或使用工况下，最上和最下两个防倾装置之间的最小间距不符合规范要求，扣10分； ⑥ 未安装同步控制装置或技术性能不符合规范要求，扣10分	10		
3		架体构造	① 架体高度大于5倍楼层高，扣10分； ② 架体宽度大于1.2 m，扣5分； ③ 直线布置的架体支承跨度大于7 m或折线、曲线布置的架体支撑跨度的架体外侧距离大于5.4 m，扣5分； ④ 架体的水平悬挑长度大于2 m或大于跨度1/2，扣10分； ⑤ 架体悬臂高度大于架体高度2/5或大于6 m，扣10分； ⑥ 架体全高与支撑跨度的乘积大于110 m²，扣10分	10		
4		附着支座	① 未按竖向主框架所覆盖的每个楼层相应设置一道附着支座，扣10分； ② 在使用工况未将竖向主框架与附着支座固定，扣10分； ③ 在升降工况未将防倾、导向的结构装置设置在附着支座处，扣10分； ④ 附着支座与建筑结构连接固定方式不符合规范要求，扣10分	10		
5		架体安装	① 主框架和水平支撑桁架的结点未采用焊接或螺栓连接或各杆件轴线未交汇于主节点，扣10分； ② 各杆件轴线未交汇于节点，扣3分； ③ 水平支承桁架的上弦和下弦之间设置的水平支撑杆件未采用焊接或螺栓连接，扣5分； ④ 架体立杆底端未设置在水平支撑桁架上弦各杆件节点处，扣10分； ⑤ 竖向主框架组装高度低于架体高度，扣5分； ⑥ 架体外立面设置的连续式剪刀撑未将竖向主框架、水平支撑桁架和架体构架连成一体，扣8分	10		
6		架体升降	① 两跨以上架体同时整体升降采用手动升降设备，扣10分； ② 升降工况附着支座与建筑结构连接处砼强度未达到设计和规范要求，扣10分； ③ 升降工况架体上有施工荷载或有人员停留，扣10分	10		
	小 计			60		
1	一般项目	检查验收	① 主要构配件进场时未进行验收，扣6分； ② 分区段安装、分区段使用未办理分区段验收，扣8分； ③ 架体搭设完毕未办理验收手续，扣10分； ④ 验收内容未进行量化或未经责任人签字确认，扣5分； ⑤ 架体提升前未有检查记录，扣6分； ⑥ 架体提升后、使用前未履行验收手续或资料不全，扣2~8分	10		
2		脚手板	① 脚手板未满铺或铺设不严、不牢，扣3~5分； ② 作业层与建筑结构之间空隙封闭不严，扣3~5分； ③ 脚手板规格、材质不符合要求，扣5~10分	10		
3		架体防护	① 脚手架外侧未采用密目式安全网封闭或网间不严，扣5~10分； ② 作业层防护栏杆不符合规范要求，扣5分； ③ 作业层未设置高度不小于180 mm的挡脚板，扣3分	10		
4		安全作业	① 操作前未向有关技术人员和作业人员进行安全技术交底或交底未有文字记录，扣5~10分； ② 作业人员未经培训或未定岗定责，扣5~10分； ③ 安装拆除单位资质不符合要求或特种作业人员未持证上岗，扣5~10分； ④ 安装、升降、拆除时未设置安全警戒区及专人监护，扣10分； ⑤ 荷载不均匀或超载，扣5~10分	10		
	小 计			40		
	检查项目合计			100		

表 10　高处作业吊篮检查评分表

序号	检查项目		扣分标准	应得分数	扣减分数	实得分数
1	保证项目	施工方案	① 未编制专项施工方案或未对吊篮支架支撑处结构的承载力进行验算，扣 10 分； ② 专项施工方案未按规定审核、审批，扣 10 分；	10		
2		安全装置	① 未安装安全锁或安全锁失灵，扣 10 分； ② 安全锁超过标定期限仍在使用，扣 10 分； ③ 未设置挂设安全带专用安全绳及安全锁扣，或安全绳未固定在建筑物可靠位置，扣 10 分； ④ 吊篮未安装上限位装置或限位装置失灵，扣 10 分；	10		
3		悬挂机构	① 悬挂机构前支架支撑在建筑物女儿墙上或挑檐边缘，扣 10 分； ② 前梁外伸长度不符合产品说明书规定，扣 10 分； ③ 前支架与支撑面不垂直或脚轮受力，扣 10 分； ④ 前支架调节杆未固定在上支架与悬挑梁连接的结点处，扣 5 分； ⑤ 使用破损的配件或采用其他替代物，扣 10 分； ⑥ 配重件未固定或重量不符合设计规定，扣 10 分	10		
4		钢丝绳	① 钢丝绳断丝、松股、硬弯、锈蚀或有油污附着物，扣 10 分； ② 安全绳规格、型号与工作钢丝绳不相同或未独立悬挂，每处扣 10 分； ③ 安全绳不悬垂，扣 10 分； ④ 电焊作业未对钢丝绳采取保护措施，扣 5～10 分	10		
5		安装作业	① 吊篮平台组装长度不符合规范要求，扣 10 分 ② 吊篮组装的构配件不是同一生产厂家的产品，扣 5～10 分	10		
6		升降操作	① 操作升降人员未经培训合格，扣 10 分； ② 吊篮内作业人员数量超过 2 人，扣 10 分； ③ 吊篮内作业人员未将安全带使用安全锁扣挂置在独立设置的专用安全绳上，扣 10 分； ④ 作业人员未从地面进入篮内，扣 5 分	10		
	小　计			60		
7	一般项目	交底与验收	① 未履行验收程序或验收表未经责任人签字，扣 5～10 分； ② 验收内容未进行量化，扣 5 分； ③ 每天班前、班后未进行检查，扣 5 分； ④ 吊篮安装、使用前未进行交底或交底未留有文字记录，扣 5～10 分	10		
8		安全防护	① 吊篮平台周边的防护栏杆或挡脚板的设置不符合规范要求，扣 5～10 分； ② 多层或立体交叉作业未设置防护顶板，扣 8 分	10		
9		吊篮稳定	① 吊篮作业未采取防摆动措施，扣 5 分； ② 吊篮钢丝绳不垂直或吊篮距建筑物空隙过大，扣 5 分	10		
10		荷载	① 施工荷载超过设计规定，扣 10 分； ② 荷载堆放不均匀，扣 5 分	10		
	小　计			40		
	检查项目合计			100		

表 11　基坑工程检查评分表

序号	检查项目		扣分标准	应得分数	扣减分数	实得分数
1	保证项目	施工方案	① 基坑工程未编制专项施工方案，扣10分； ② 专项施工方案未按规定审核、审批，扣10分； ③ 超过一定规模条件的基坑工程专项施工方案未按规定组织专家论证，扣10分； ④ 基坑周围环境或施工条件发生变化，专项施工方案未重新进行审批、审核，扣10分	20		
2		基坑支护	① 人工开挖的狭窄基槽，开挖深度较大或存在边坡塌方危险而未采取支护措施，扣10分； ② 自然放坡的坡率不符合专项施工方案和规范要求，扣10分； ③ 基坑支护结构不符合设计要求，扣10分； ④ 支护结构水平位移达到设计报警值而未采取有效控制措施，扣10分	10		
3		降排水	① 基坑开挖深度范围内有地下水而未采取有效降水措施，扣10分； ② 基坑边沿周围地面未设置排水沟或排水沟设置不符合规范要求，扣5分； ③ 放坡开挖对坡顶、坡面、坡脚未采取降排水措施，扣5～10分； ④ 基坑底周围未设置排水沟和集水沟或排除积水不及时，扣5～8分	10		
4		基坑开挖	① 支护结构未达到设计要求强度便提前开挖下层土方，扣10分； ② 未按设计和施工方案的要求分层、分段开挖或开挖不均衡，扣10分； ③ 基坑开挖过程中未采取防止碰撞支护结构或工程桩的有效措施，扣10分； ④ 机械在软土场地上作业时，未采取铺设渣土、沙石等硬化措施，扣10分	10		
5		坑边荷载	① 基坑边堆置土、料具等荷载超过基坑支护设计允许要求，扣10分； ② 施工机械与基坑边沿的安全距离不符合设计要求，扣10分	10		
6		安全防护	① 开挖深度2m及以上的基坑周围未按规范要求设置防护栏杆或栏杆设置不符合规范要求，扣5～10分； ② 基坑内未设置供施工人员上下的专用梯道或梯道设置不符合规范要求，扣5～10分； ③ 降水井口未设置防护盖板或围栏，扣10分	10		
	小　计			60		
7	一般项目	基坑监测	① 未按要求进行基坑监测，扣10分； ② 基坑监测项目不符合规范要求，扣5～10分； ③ 监测时间间隔不符合监测方案要求或监测结果变化速率较大未加密观测次数，扣5～8分； ④ 未按设计要求提交监测报告或监测报告内容不完整，扣5～8分	10		
8		支撑拆除	① 基坑支撑结构的拆除方式、拆除顺序不符合专项施工方案要求，扣5～10分； ② 机械拆除作业时，施工荷载大于支撑结构承载能力，扣10分； ③ 人工拆除作业时，未按规定设置防护措施，扣8分； ④ 采用非常规拆除方式不符合国家现行相关规范要求，扣10分	10		
9		作业环境	① 基坑内土方机械、施工人员的安全距离不符合规范要求，扣10分； ② 上下垂直作业未采取隔离防护措施，扣5分； ③ 在各种管线范围内挖土作业未设专人监护，扣5分； ④ 作业区光照不佳，扣5分	10		
10		应急预案	① 未按要求编制基坑工程应急预案或应急预案内容不完整，扣5～10分； ② 应急组织机构不健全或应急物资、材料、工具机具存储不符合应急预案要求，扣2～6分	10		
	小　计			40		
	检查项目合计			100		

表 12　模板支架检查评分表

序号	检查项目		扣分标准	应得分数	扣减分数	实得分数
1		施工方案	① 未按规定编制专项施工方案或结构设计未经设计计算，扣 10 分； ② 专项施工方案未经审核、审批，扣 10 分； ③ 超规模模板支架专项施工方案未按规定组织专家论证，扣 10 分	10		
2	保证项目	支架基础	① 基础不坚实平整、承载力不符合设计要求，扣 5～10 分； ② 支架底部未设置垫板或垫板的规格不符合规范要求，扣 5～10 分； ③ 支架底部未按规范要求设置底座，每处扣 2 分； ④ 未按规范要求设置扫地杆，扣 5 分； ⑤ 未采取排水设施，扣 5 分； ⑥ 支架设在楼面结构上时，未对楼面结构的承载力进行验算或楼面结构下方未采取加固措施，扣 10 分	10		
3		支架构造	① 立杆纵横间距大于设计和规范要求，每处扣 2 分； ② 水平步距大于设计和规范要求，每处扣 2 分； ③ 水平杆未连续设置，扣 5 分； ④ 未按规范要求设置竖向剪刀撑或专用斜撑，扣 10 分； ⑤ 未按规范要求设置水平剪刀撑或专用斜撑，扣 10 分； ⑥ 剪刀撑或水平斜杆设置不符合规范要求，扣 5 分	10		
4		支架稳定	① 支架宽高比超过规范要求而未采取与建筑结构刚性连接或增加架体宽高比等措施，扣 10 分； ② 立杆伸出顶层水平杆的长度超过规范要求，每处扣 2 分； ③ 浇筑混凝土时未对支架的基础沉降、架体变形及采取监控措施，扣 8 分	10		
5		施工荷载	① 荷载堆放不均匀，每处扣 5 分； ② 施工荷载超过设计规定，扣 10 分； ③ 浇筑混凝土未对混凝土堆积高度进行控制，扣 8 分	10		
6		交底与验收	① 支架搭设、拆除前未进行交底或无交底记录，扣 5～10 分； ② 支架搭设完毕未办理验收手续，扣 10 分； ③ 验收内容未进行量化或未经责任人签字确认，扣 5 分	10		
	小　计			60		
7	一般项目	杆件连接	① 立杆连接不符合规范要求，扣 3 分； ② 水平杆连接不符合规范要求，扣 3 分； ③ 剪刀撑斜杆接长不符合规范要求，每处扣 3 分； ④ 杆件各连接点的紧固不符合规范要求，每处扣 3 分	10		
8		底座与托撑	① 螺杆直径与立杆直径不匹配，每处扣 3 分； ② 螺杆旋入螺母内的长度或外伸长度不符合规范要求，每处扣 3 分	10		
9		构配件材质	① 钢管、构配件的规格、型号、材质不符合规范要求，扣 5～10 分； ② 杆件弯曲、变形、锈蚀超标，扣 10 分	10		
9		支架拆除	① 支架拆除前未确认混凝土强度是否达到设计要求，扣 10 分； ② 未按规定设置警戒区或未设置专人监护，扣 5～10 分	10		
	小　计			40		
检查项目合计				100		

表 13　高处作业检查评分表

序号	检查项目	扣分标准	应得分数	扣减分数	实得分数
1	安全帽	① 施工现场人员未戴安全帽，每人扣 5 分； ② 未按规定方式佩戴安全帽，每人扣 2 分； ③ 安全帽质量不符合国家现行标准的要求，扣 5 分	10		
2	安全网	① 在建工程外侧未采用密目式安全网封闭或网间不严，扣 2～10 分； ② 安全网质量不符合国家现行标准要求，扣 10 分	10		
3	安全带	① 高空作业人员未系挂安全带，每人扣 5 分； ② 安全带系挂不符合要求，每人扣 5 分； ③ 安全带质量不符合国家现行标准的要求，扣 10 分	10		
4	临边防护	① 工作面临边无防护，扣 10 分； ② 防护措施、设施不符合要求或不严密，每处扣 5 分； ③ 防护设施未形成定型化、工具化，扣 3 分	10		
5	洞口防护	① 在建工程的孔、洞未采取防护措施，每处扣 5 分； ② 防护措施、设施不符合要求或不严密，每处扣 3 分； ③ 防护设施未形成定型化、工具化，扣 3 分； ④ 电梯井内未按每隔两层且不大于 10 m 设置安全平网，每处扣 5 分	10		
6	通道口防护	① 未搭设防护棚或防护不严、不牢固，每处扣 5～10 分； ② 防护棚两侧未进行封闭，扣 4 分； ③ 防护棚宽度小于通道口宽度，扣 4 分； ④ 防护棚长度不符合要求，扣 4 分； ⑤ 建筑物高度超过 24 m，防护棚顶未采用双层防护，扣 4 分； ⑥ 防护棚的材质不符合规范要求，扣 5 分	10		
7	攀登作业	① 移动式梯子的梯脚底部垫高使用，扣 3 分； ② 折梯未使用可靠拉撑装置，扣 5 分； ③ 梯子的制作质量或材质不符合要求，扣 10 分	5		
8	悬空作业	① 悬空作业处未设置防护栏杆或其他可靠的安全设施，扣 5～10 分； ② 悬空作业所用的索具、吊具等未经过验收，扣 5 分； ③ 悬空作业人员未系挂安全带或未带工具袋，扣 2～10 分	5		
9	移动式操作平台	① 操作平台未按规定进行设计计算，扣 8 分； ② 移动式操作平台，轮子与平台的连接不牢固可靠或立柱底端距离地面超过 80 mm，扣 5 分； ③ 操作平台的组装不符合设计和规范要求，扣 10 分； ④ 平台台面铺板不严，扣 5 分； ⑤ 操作平台四周未按规定设置防护栏杆或未设置登高扶梯，扣 10 分； ⑥ 操作平台的材质不符合要求，扣 10 分	10		
10	悬挑式物料平台	① 未编制专项施工方案或未经设计计算，扣 10 分； ② 悬挑式钢平台的下部支撑系统与上部拉结点未设置在建筑物结构上，扣 10 分； ③ 未按要求在平台两边各设置两道斜拉杆或钢丝绳，扣 10 分； ④ 钢平台未按要求设置固定的防护栏杆和挡脚板或栏板，扣 3～10 分； ⑤ 钢平台台面铺板不严或钢平台与建筑结构之间铺板不严，扣 5 分； ⑥ 未在平台上明显处设置荷载限定标牌，扣 5 分	10		
	检查项目合计		100		

表 14　施工用电检查评分表

序号	检查项目		扣分标准	应得分数	扣减分数	实得分数
1	保证项目	外电防护	① 外线电路与在建工程及脚手架、起重机械、场内机动车道之间的安全距离不符合规范要求且未采取防护措施，扣 10 分； ② 防护设施未设置明显警示标牌，扣 5 分； ③ 防护设施与外电线路的安全距离及搭设方式不符合规范要求，扣 5～10 分； ④ 在外电架空线路正下方施工、建造临时设施或堆放材料物品，扣 10 分	10		
2		接地与接零保护系统	① 施工现场专用电源中性点直接接地的低压配电系统未采用 TN-S 接零保护方式，扣 20 分； ② 配电系统未采用同一保护系统，扣 20 分； ③ 保护零线引出位置不符合规范要求，扣 5～10 分； ④ 电气设备未接保护零线，每处扣 2 分； ⑤ 保护零线装设开关、熔断器或与连通过工作电流，扣 20 分； ⑥ 保护零线材质、规格及颜色标记不符合规范要求，每处扣 2 分； ⑦ 工作接地与重复接地的设置和安装不符合规范要求，扣 10～20 分； ⑧ 工作接地电阻大于 4 Ω，重复接地电阻大于 10 Ω，扣 20 分； ⑨ 施工现场起重机、物料提升机、施工升降机、脚手架防雷措施不符合规范要求，扣 5～10 分； ⑩ 防雷接地机械设备上的电气设备保护零线未作重复接地，扣 5～10 分	20		
3		配电线路	① 线路及接头不能保证具有足够的机械强度和绝缘强度，扣 5～10 分； ② 线路未设短路、过载保护，扣 5～10 分； ③ 线路截面不能满足负荷电流要求，每处扣 2 分； ④ 线路的设施、材料及相序排列、挡距、与邻近线路或固定物的距离不符合规范要求，扣 5～10 分； ⑤ 电缆沿地面明敷或沿脚手架、树木等敷设或敷设不符合规范要求，扣 5～10 分； ⑥ 未使用符合规范要求的电缆，扣 10 分； ⑦ 室内明敷主干线距地面高度小于 2.5 m，每处扣 2 分	10		
4		配电箱与开关箱	① 配电系统未按"三级配电、二级漏电保护"设置，扣 10～20 分； ② 用电设备未有各自专用的开关箱，每处扣 2 分； ③ 箱体结构设计、电器设置不符合规范，扣 10～20 分； ④ 配电箱零线端子板的设置、连接不符合规范要求，扣 5～10 分； ⑤ 漏电保护器参数不匹配或检测失灵，每处扣 2 分； ⑥ 配电箱与开关箱电器损坏或进出线混乱，每处扣 2 分； ⑦ 箱体未设置系统接线图和分路标记，每处扣 2 分； ⑧ 箱体未设门、锁以及未采取防雨措施，每处扣 2 分； ⑨ 箱体安装位置、高度及周围通道不符合规范要求，每处扣 2 分； ⑩ 分配电箱与开关箱的距离、开关箱与用电设备的距离不符合规范要求，每处扣 2 分	20		
小　计				60		

序号	检查项目		扣分标准	应得分数	扣减分数	实得分数
5		配电室与配电装置	① 配电室建筑耐火等级低于 3 级，扣 15 分； ② 未配置适用于电器灾害的灭火器材，扣 3 分； ③ 配电室、配电装置布设不符合规范要求，扣 5~10 分； ④ 配电装置中的仪表、电器元件设置不符合规范要求或损坏、失效，扣 5~10 分； ⑤ 备用发电机组未与外电线路进行连锁，扣 15 分； ⑥ 配电室未采取防雨雪和防小动物侵入的措施，扣 10 分； ⑦ 配电室未设警示标志、工地供电平面图和系统图，扣 3~5 分	15		
6	一般项目	现场照明	① 照明用电与动力用电混用，每处扣 2 分； ② 特殊场所未使用 36 V 及以下的安全电压，扣 15 分； ③ 手持照明灯未使用 36 V 以下电源供电，扣 10 分； ④ 照明变压器未使用双绕组安全隔离变压器，扣 15 分； ⑤ 金属外壳灯具未接保护零线，每处扣 2 分； ⑥ 灯具与地面、易燃物之间小于安全距离，每处扣 2 分； ⑦ 照明线路接线混乱和安全电压线路的架设不符合规范要求，扣 10 分； ⑧ 施工现场未按规范要求配备应急照明设施，每处扣 2 分	15		
7		用电档案	① 总包单位与分包单位未订立临时用电管理协议，扣 10 分； ② 未制订专项用电施工组织设计、外电防护专项方案或设计、方案缺乏针对性，扣 5~10 分； ③ 专项用电施工组织设计专项方案、外电防护专项方案未履行审批程序，实施后未组织验收，扣 5~10 分； ④ 接地电阻、绝缘电阻和漏电保护器检测记录未填写或填写不真实，扣 3 分； ⑤ 安全技术交底、设备设施验收记录未填写或填写不真实，扣 3 分； ⑥ 定期巡视检查、隐患整改记录未填写或填写不真实，扣 3 分； ⑦ 档案资料不齐全、未设专人管理，扣 3 分	10		
小　计				40		
检查项目合计				100		

表 15 物料提升机检查评分表

序号	检查项目		扣分标准	应得分数	扣减分数	实得分数
1	保证项目	安全装置	① 未安装起重量限制器、防坠安全器，扣 15 分； ② 起重量限制器、防坠安全器不灵敏，扣 15 分； ③ 安全停层装置不符合规范要求，未达到定型化，扣 5~10 分； ④ 未安装上限位开关，扣 15 分； ⑤ 上限位开关不灵敏、安全越程不符合规范要求，扣 10 分； ⑥ 物料提升机安装高度超过 30 m，未安装渐进式防坠安全器以及自动停层、语音与影像信号装置，每项扣 5 分	15		
2		防护设施	① 未设置防护围栏或设置不符合规范要求，扣 5~15 分； ② 未设置进料口防护棚或设置不符合规范要求，扣 5~10 分； ③ 停层平台两侧未设置防护栏杆、挡脚板，每处扣 2 分； ④ 停层平台脚手板铺设不严、不牢，每处扣 2 分； ⑤ 未安装平台门或平台门不起作用，每处扣 5~15 分； ⑥ 平台门未达到定型化，每处扣 2 分； ⑦ 吊笼门不符合规范要求，扣 10 分	15		
3		附墙架与缆风绳	① 附墙架结构、材质、间距不符合产品说明书要求，扣 10 分； ② 附墙架未与建筑结构可靠连接要求，扣 10 分； ③ 缆风绳设置数量、位置不符合规范要求，扣 5 分； ④ 缆风绳未使用钢丝绳或未与地锚连接，每处扣 10 分； ⑤ 钢丝绳直径小于 8 mm 或角度不符合 45°~60° 的要求，扣 5~10 分； ⑥ 安装高度为 30 m 的物料提升机使用缆风绳，扣 10 分； ⑦ 地锚设置不符合规范要求，每处扣 5 分	10		
4		钢丝绳	① 钢丝绳磨损、变形、锈蚀已达到报废标准，扣 10 分； ② 钢丝绳夹设置不符合规范要求，每处扣 2 分； ③ 吊笼处于最低位置，卷筒上钢丝绳少于 3 圈，扣 10 分； ④ 未设置钢丝绳过路保护措施或钢丝绳拖地，扣 5 分	10		
5		安装与验收	① 安装、拆卸单位未取得专用承包资质和安全生产许可证，扣 10 分； ② 未制订专项施工方案或未经审核、审批，扣 10 分； ③ 未履行验收程序或验收表未经责任人签字，扣 5~10 分； ④ 安装、拆卸人员及司机未持证上岗，扣 10 分； ⑤ 物料提升机作业前未按规定进行例行检查和未填写检查记录，扣 4 分； ⑥ 实行多班作业未按规定实行交接班记录，扣 3 分	10		
	小 计			60		
6	一般项目	基础与导轨架	① 基础承载力、平整度不符合规范要求，扣 5~10 分； ② 基础周围未设置排水设施，扣 5 分； ③ 导轨架垂直度偏差大于导轨架高度 0.15%，扣 5 分； ④ 井架停层平台通道处结构未采取加强措施，扣 8 分	10		
7		动力与传动	① 卷扬机、曳引机安装不牢固，扣 10 分； ② 卷筒与导轨架底部导向轮的距离小于 20 倍卷筒宽度，未设置排绳器，扣 5 分； ③ 钢丝绳在卷筒上排列不整齐，扣 5 分； ④ 滑轮与导轨架、吊笼未采用刚性连接，扣 10 分； ⑤ 滑轮与钢丝绳不匹配，扣 10 分； ⑥ 卷筒、滑轮未设置防止钢丝绳脱出的装置，扣 5 分； ⑦ 曳引钢丝绳为 2 根及以上时，未设置曳引力平衡装置，扣 5 分	10		
8		通信装置	① 未按规范要求设置通信装置，扣 5 分； ② 通信装置信号显示不清晰，扣 3 分	5		
9		卷扬机操作棚	① 未设置卷扬机操作棚，扣 10 分； ② 操作棚搭设不符合规范要求，扣 5~10 分	10		
10		避雷装置	① 物料提升机在其他防雷保护范围以外未设置避雷措施，扣 5 分； ② 避雷装置不符合规范要求，扣 3 分	5		
	小 计			40		
	检查项目合计			100		

表 16　施工升降机检查评分表

序号	检查项目		扣分标准	应得分数	扣减分数	实得分数
1	保证项目	安全装置	① 未安装起重量限制器或重量限制器不灵敏,扣10分; ② 未安装渐进式防坠安全器或渐进式防坠安全器不灵敏,扣10分; ③ 防坠安全器超过有效标定期限,扣10分; ④ 对重钢丝绳未安装防松绳装置或防松绳装置不灵敏,扣5分; ⑤ 未安装急停开关或急停开关不符合规范要求,扣5分; ⑥ 未安装吊笼和对重缓冲器或缓冲器不符合规范要求,扣5分; ⑦ Sc型施工升降机未安装安全钩,扣10分	10		
2		限位装置	① 未安装极限开关或极限开关不灵敏,扣10分; ② 未安装上限位开关或上限位开关不灵敏,扣10分; ③ 未安装下限位开关或下限位开关不灵敏,扣5分; ④ 极限开关与上限位开关安全越程不符合规范要求,扣5分; ⑤ 极限开关与上、下限位开关共用一个触发元件,扣5分; ⑥ 未安装吊笼门机电连锁装置或不灵敏,扣10分; ⑦ 未安装吊笼顶窗电气安全开关或不灵敏,扣5分	10		
3		防护设施	① 未设置地面防护围栏或设置不符合规范要求,扣5~10分; ② 未安装防护围栏门联锁保护装置或联锁保护装置不灵敏,扣5~8分; ③ 未设置出入口防护棚或设置不符合规范要求,扣5~10分; ④ 停层平台搭设不符合规范要求,扣5~8分; ⑤ 未安装层门或层门不起作用,扣5~10分; ⑥ 层门不符合规范要求,未达到定型化,每处扣2分	10		
4		附墙架	① 附墙架未采用配套标准产品未进行设计计算,扣10分; ② 附墙架与建筑结构连接方式、角度不符合说明书要求,扣5~10分; ③ 附墙架间距、最高附着点以上导轨架的自由高度超过说明书要求,扣10分	10		
5		钢丝绳、滑轮与对重	① 对重钢丝绳数量少于2根或未相对独立,扣10分; ② 钢丝绳磨损、变形、锈蚀已达到报废标准,扣10分; ③ 钢丝绳的规格、固定不符合产品说明书及规范要求,扣10分; ④ 滑轮未安装钢丝绳防脱装置或安装不符合规范要求,扣4分; ⑤ 对重重量、固定、导轨不符合说明书及规范要求,扣10分; ⑥ 对重未安装防脱轨保护装置,扣5分	10		
6		安拆、验收与使用	① 安装、拆卸单位未取得专业承包资质和安全生产许可证,扣10分; ② 未制订安装、拆卸专项方案或专项方案未经审批、审核,扣10分; ③ 未履行验收程序或验收表无责任人签字,扣5~10分; ④ 安装、拆除人员及司机未持证上岗,扣10分; ⑤ 施工升降机作业前未按规定进行例行检查和未填写检查记录,扣4分; ⑥ 实行多班作业的未按规定实行交接班记录,扣3分	10		
	小　计			60		
7	一般项目	导轨架	① 导轨架垂直度不符合规范要求,扣10分; ② 标准节质量不符合产品说明书及规范要求,扣10分; ③ 对重导轨不符合规范要求,扣5分; ④ 标准节连接螺栓使用不符合产品说明书及规范要求,扣5~8分	10		
8		基础	① 基础制作、验收不符合产品说明书及规范要求,扣5~10分; ② 基础设置在地下室顶板或楼面结构上,未对支承结构进行承载力验算,扣10分; ③ 基础未设置排水设施,扣4分	10		
9		电气安全	① 施工升降机与架空线路不符合规范要求且未采取防护措施,扣5~10分; ② 防护措施不符合要求,扣5分; ③ 未设置电缆导向架或设置不符合规范要求,扣5分; ④ 施工升降机在防雷保护范围以外未设置避雷装置,扣10分; ⑤ 避雷装置不符合规范要求,扣5分	10		
10		通信装置	① 未安装楼层联络信号,扣10分; ② 楼层联络信号不清晰,扣5分	10		
	小　计			40		
检查项目合计				100		

表 17　塔式起重机检查评分表

序号	检查项目		扣分标准	应得分数	扣减分数	实得分数
1		载荷限制装置	① 未安装起重量限制器或不灵敏,扣10分; ② 未安装力矩限制器或不灵敏,扣10分	10		
2		行程限位装置	① 未安装起升高度限位器或不灵敏,扣10分; ② 起升高度限位器的安全越程不符合规范要求,扣6分; ③ 未安装幅度限位器或不灵敏,扣10分; ④ 回转不设集电器的塔式起重机未安装回转限位器或不灵敏,扣6分; ⑤ 行走式塔式起重机未安装行走限位器或不灵敏,扣10分	10		
3	保证项目	保护装置	① 小车变幅的塔式起重机未安装断绳保护及断轴保护装置或安装不符合规范要求,扣8分; ② 行走及小车变幅的轨道行程末端未安装缓冲器及止挡装置或安装不符合规范要求,扣4~8分; ③ 起重臂根部绞点高度大于50 m的塔式起重机未安装风速仪或不灵敏,扣4分; ④ 塔式起重机顶部高度大于30 m且高于周围建筑物而未安装障碍指示灯,扣4分	10		
4		吊钩、滑轮、卷筒与钢丝绳	① 吊钩未安装钢丝绳防脱钩装置或安装不符合规范要求,扣10分; ② 吊钩磨损、变形已达到报废标准,扣10分; ③ 滑轮、卷筒未安装钢丝绳防脱装置或不符合规范要求,扣4分; ④ 滑轮及卷筒磨损已达到报废标准,扣10分; ⑤ 钢丝绳磨损、变形、锈蚀已达到报废标准,扣10分; ⑥ 钢丝绳的规格、固定、缠绕不符合说明书及规范要求,扣5~10分	10		
5		多塔作业	① 多塔作业时未制定专项施工方案,扣10分; ② 任意两台塔式起重机之间的最小架设距离不符合规范要求,扣10分	10		
6		安装、拆卸与验收	① 安装、拆卸单位未取得专业承包资质和安全生产许可证,扣10分; ② 未制定安装、拆卸专项方案,扣10分; ③ 方案未经审核、审批,扣10分; ④ 未履行验收程序或验收表未经责任人签字,扣5~10分; ⑤ 安装、拆除人员及司机、指挥未持证上岗,扣10分; ⑥ 塔式起重机作业前未按规定进行例行检查和未填写检查记录,扣4分; ⑦ 实行多班作业时未按规定实行交接班记录,扣3分	10		
	小　计			60		
7		附着	① 塔式起重机高度超过规定而不安装附着装置,扣10分; ② 附着装置水平距离或间距不满足说明书要求且未进行设计计算和审批,扣8分; ③ 安装内爬式塔式起重机的建筑承载结构未进行受力计算,扣8分; ④ 附着装置安装不符合说明书及规范要求,扣5~10分; ⑤ 附着后塔身垂直度不符合规范要求,扣10分	10		
8	一般项目	基础与轨道	① 基础未按说明书及有关规定设计、检测、验收,扣5~10分; ② 基础未设置排水措施,扣4分; ③ 路基箱或枕木铺设不符合说明书及规范要求,扣6分; ④ 轨道铺设不符合说明书及规范要求,扣6分	10		
9		结构设施	① 主要结构件的变形、锈蚀超过规范要求,扣10分; ② 平台、走道、梯子、栏杆等不符合规范要求,扣4~8分; ③ 高强螺栓、销轴、紧固件的紧固、连接不符合规范要求,扣5~10分	10		
10		电气安全	① 未采用TN-S接零保护系统供电,扣10分; ② 塔式起重机与架空线路安全距离不符合规范要求,未采取防护措施,扣10分; ③ 防护措施不符合规范要求,扣5分; ④ 未安装避雷接地装置,扣10分; ⑤ 避雷接地装置不符合规范要求,扣5分; ⑥ 电缆使用及固定不符合规范要求,扣5分	10		
	小　计			40		
	检查项目合计			100		

表 18 起重吊装检查评分表

序号	检查项目		扣分标准	应得分数	扣减分数	实得分数
1	保证项目	施工方案	① 未编制专项施工方案或专项施工方案未经审核、审核，扣 10 分； ② 超规模的起重吊装专项施工方案未按规定组织专家论证，扣 10 分	10		
2		起重机械	① 未安装荷载限制装置或不灵敏，扣 10 分； ② 未安装行程限位装置或不灵敏，扣 10 分； ③ 起重拔杆组装不符合规范要求，扣 10 分； ④ 起重拔杆组装后未履行验收程序或验收表无责任人签字，扣 5~10 分	10		
3		钢丝绳与地锚	① 钢丝绳磨损、断丝、变形、锈蚀已达到报废标准，扣 10 分； ② 钢丝绳规格不符合起重机产品说明书要求，扣 10 分； ③ 吊钩、卷筒、滑轮磨损已达到报废标准，扣 10 分； ④ 吊钩、卷筒、滑轮未安装钢丝绳防脱装置，扣 5~10 分； ⑤ 起重拔杆的缆风绳、地锚设置不符合设计要求，扣 8 分	10		
4		索具	① 索具采用编结连接时，编结部分的长度不符合规范要求，扣 10 分； ② 索具采用绳夹的规格、数量及绳夹间距不符合规范要求，扣 5~10 分； ③ 索具安全系数不符合规范要求，扣 10 分； ④ 吊索规格不匹配或机械性能不符合设计要求，扣 5~10 分	10		
5		作业环境	① 起重机作业处地面的承载能力不符合产品说明书或未采用有效措施，扣 10 分； ② 起重机与架空线路安全距离不符合规范要求，扣 10 分	10		
6		作业人员	① 起重机司机无证操作或操作证与操作机型不符，扣 5~10 分； ② 未设置专职信号指挥和司索人员，扣 10 分； ③ 作业前未按规定进行技术交底或技术交底未形成文字记录，扣 5~10 分	10		
	小 计			60		
7		起重吊装	① 多台起重机同时起吊一个构件时，单台起重机所承受的荷载不符合专项施工方案要求，扣 10 分； ② 吊索系挂点不符合专项施工方案要求，扣 10 分； ③ 起重机械作业时起重臂下有人停留或吊运重物从人的正上方通过，扣 10 分； ④ 起重机吊具载运人员，扣 10 分； ⑤ 吊运易散落物件未用吊笼，扣 6 分	10		
8		高处作业	① 未按规定设置高处作业平台，扣 10 分； ② 高处作业平台设置不符合规范要求，扣 5~10 分； ③ 未按规定设置爬梯或爬梯的强度、构造不符合规定，扣 5~8 分； ④ 未按规定设置安全带悬挂点，扣 8 分	10		
9		构件码放	① 构件码放超过作业面承载能力，扣 10 分； ② 构件堆放高度超过规定要求，扣 4 分； ③ 大型构件码放无稳定措施，扣 8 分	10		
10		警戒监护	① 未按规定设置作业警戒区，扣 10 分； ② 警戒区未设专人监护，扣 8 分	10		
	小 计			40		
	检查项目合计			100		

表 19　施工机具检查评分表

序号	检查项目	扣分标准	应得分数	扣减分数	实得分数
1	平刨	① 平刨安装后未履行验收程序，扣5分； ② 未设置护手安全装置，扣5分； ③ 传动部位未设置防护罩，扣5分； ④ 未做保护接零、未设置漏电保护器，每处，扣10分； ⑤ 未设置安全防护棚，扣6分； ⑥ 使用多功能木工机具，扣10分	10		
2	圆盘锯	① 安装后未履行验收程序，扣5分； ② 未设置锯盘护罩、分料器、防护挡板安全装置和传动部位未进行防护，每缺一项扣3分； ③ 未做保护接零或未设置漏电保护器，扣10分； ④ 未设置安全防护棚，扣6分； ⑤ 使用多功能木工机具，扣10分	10		
3	手持电动工具	① Ⅰ类手持电动工具未采取保护接零或漏电保护器，扣8分； ② 使用Ⅰ类手持电动工具时不按规定穿戴绝缘用品，扣6分； ③ 使用手持电动工具时随意接长电源线或更换插头，扣4分	8		
4	钢筋机械	① 机械安装后未履行验收程序，扣5分； ② 未做保护接零或未设置漏电保护器，每处扣10分； ③ 钢筋加工区无防护棚，钢筋对焊作业区未采取防止火花飞溅措施，冷拉作业区未设置防护栏，每处扣5分； ④ 传动部位未设置防护罩，扣5分	10		
5	电焊机	① 电焊机安装后未履行验收程序，扣5分； ② 未做保护接零或未设置漏电保护器，每处扣10分； ③ 未设置二次空载保护器，扣10分； ④ 一次线长度超过规定或未进行穿管保护，扣3分； ⑤ 二次线未采用防水橡皮护套铜芯软电缆，扣10分； ⑥ 二次线长度超过规定或绝缘层老化，每处扣3分； ⑦ 电焊机未设置防雨罩、接线柱未设置防护罩，扣5分	10		
6	搅拌机	① 搅拌机安装后未履行验收手续，扣5分； ② 未做保护接零或未设置漏电保护器，扣10分； ③ 离合器、制动器、钢丝绳达不到规定要求，每项扣5分； ④ 上料斗未设置安全挂钩或止挡装置，扣5分； ⑤ 传动部位未设置防护罩，扣4分； ⑥ 未设置安全防护棚，扣6分	10		
7	气瓶	① 气瓶未安装减压器，扣8分； ② 乙炔瓶未安装回火防止器，扣8分； ③ 气瓶间距小于5m或者距明火小于10m且未采取隔离措施，扣8分； ④ 气瓶未设置防震圈和防护帽，扣2分； ⑤ 气瓶存放不符合要求，扣4分	8		
8	翻斗车	① 翻斗车制动、转向装置不灵敏，扣5分； ② 驾驶员无证操作，扣8分； ③ 行车载人或违章行车，扣8分	8		
9	潜水泵	① 未做保护接零或未设置漏电保护器，扣6分； ② 负荷线未使用专用防水橡皮电缆，扣6分； ③ 负荷线有接头，扣3分	6		
10	振捣器具	① 未做保护接零或未设置漏电保护器，扣6分； ② 未使用移动式配电箱，扣4分； ③ 电缆长度超过30m，扣4分； ④ 操作人员未穿戴好绝缘防护用品，扣8分	8		
11	桩工机械	① 机械安装后未履行验收程序，扣10分； ② 作业前未编制专项施工方案或未按规定进行安全技术交底，扣10分； ③ 安全装置不齐全或不灵敏，扣10分； ④ 机械施工区域地面承载力不符合规定要求或未采取有效硬化措施，扣12分； ⑤ 机械与输电线路安全距离不符合规范要求，扣12分	12		
	检查项目合计		100		

10. 安全文明施工措施费使用计划及记录

根据《关于印发<建筑工程安全防护、文明施工措施费用及使用管理规定>的通知》（建设部令〔2005〕89号）第十一条要求：施工单位应当确保安全防护、文明施工措施费专款专用，在财务管理中单独列出安全防护、文明施工措施项目费用清单备查。建筑施工项目应编制安全防护、文明施工措施计划；同时，根据措施费的使用计划和实际发生情况，填报安全防护、文明施工措施费使用台账、支付申请单，并附上有效单据或凭证，报建设单位、监理单位以及当地行政主管部门审查备案。具体包括：文明施工与环境保护措施、临时设施计划以及安全施工计划。同时，应保留安全劳防用品资金落实凭证、安全教育培训专项资金落实凭证、保障安全生产的技术措施资金落实凭证，并报建设单位、监理单位审核备案。

（1）安全文明施工措施费计划。

建筑工程安全防护、文明施工措施费计划

类　别	项目名称	计划费用	预计使用时间
环境保护费			
文明施工费			
安全施工费			
临时设施费			

安全文明施工措施费用支付申请表

工程名称：　　　　　　　　施工单位：　　　　　　　　编号：

工程地点		在施工部位	

致　　　　　　　　　　　　　　　　　　　　　　（监理单位）：

　　我方已落实了　　　　　　　　　安全防护、文明施工措施，按施工合同规定，建设单位在　　年　　月日前支付该项费用共计（大写）　　　　　　　　　　　　　　　　　　　　　　　　　（小写）　　　　　　　　　　　　　　　　，现报上安全防护、文明施工措施项目落实清单，请予以审查并开具费用支付证书。

附件：

　　安全防护、文明施工措施项目落实清单（可以采用安全防护、文明施工措施费计划）

　　　　　　　　　　　　　　　　　　　　　　　　项目经理：

　　　　　　　　　　　　　　　　　　　　　　　　　年　　　月　　　日

监理审查意见：

专业监理工程师：　　　　　　　　　　　　　　　总监：

　　　　　　　　　　　　　　　　　　　　　　　　　年　　　月　　　日

（2）安全文明施工措施费使用台账（台账样本）。

　　施工过程中，应准确、及时记录安全文明施工费实际使用情况，并及时报监理、建设单位进行审查。

11. 安全事故管理

根据《生产安全事故报告和调查处理条例》（中华人民共和国国务院令第 493 号）、《关于进一步规范房屋建筑和市政工程生产安全事故报告和调查处理工作的若干意见》（建质〔2007〕257 号）等的要求，生产安全事故管理包括以下内容：事故报告、事故调查、事故处理。事故发生后，事故现场有关人员应当立即向本单位负责人报告；单位负责人接到报告后，应当于 1 小时内向事故发生地县级以上人民政府安全生产监督管理部门和负有安全生产监督管理职责的有关部门报告。情况紧急时，事故现场有关人员可以直接向事故发生地县级以上人民政府安全生产监督管理部门和负有安全生产监督职责的有关部门报告；建设主管部门接到事故报告后，应当依照以下规定 2 小时内上报事故情况：较大事故、重大事故及特别重大事故逐级上报至国务院建设主管部门（国务院建设主管部门接到重大事故和特别重大事故的报告后，应当立即报告国务院）；一般事故逐级上报至省、自治区、直辖市人民政府建设主管部门，并同时报告本级人民政府。事故报告内容：事故发生单位概况，事故发生的时间、地点以及事故现场情况，事故的简要经过，事故已经造成或者可能造成的伤亡人数和初步估计的直接经济损失，已经采取的措施，其他应当报告的情况。事故调查组由有关人民政府安全生产监督管理部门、负有安全生产监督管理职责的有关部门、监察机关、公安机关以及工会派人组成，并邀请人民检察院派人参加。事故调查结束后形成调查报告附具有关证据材料报送负责事故调查的人民政府。事故发生单位应当按照以下原则落实防范和整改措施，防止事故再次发生：① 事故原因分析不清不放过；② 事故责任者和群众没有受到教育不放过；③ 没有采取防范措施不放过；④ 事故责任者没有受到处理不放过。

（1）施工伤亡事故快报表。

施工伤亡事故快报表

填报单位（盖章）		报告日期		
事故基本情况				
事故发生日期、时间		事故发生地点		
事故分类		初步估算直接经济损失/万元		
事故类型		事故发生部位		
事故简要经过原因初步分析				
工程概况				
工程名称		工程类型		
工程规模/m²		工程造价/万元		
结构类型		开工日期		
建设单位				
勘察单位		资质等级		
设计单位		资质等级		
施工单位（总包）		资质等级		
施工单位（分包）		资质等级		
项目经理		资质等级		项目安全员
监理单位				
项目总监		总监代表		
事故伤亡人员情况				
死亡人员人数				
总人数		职工人数		非职工人数
重伤人员人数				
总人数		职工人数		非职工人数

备注：

（2）伤亡事故记录表。

伤亡事故记录

工程名称						发生事故时间		
事故类别						事故性质		
事 故 情 况	姓名	性别	年龄	工种	工龄	经济损失/元		
						直　接		间　接

事故经过及处理情况：

工地负责人：	年　月　日	记录人：	年　月　日

（3）事故伤亡人员发生变化的补报记录。

事故补报记录表

填报单位（盖章）				报告日期	
事故基本情况					
事故发生 日期、时间				事故发生地点	
事故分类				初步估算直接经济损失 /万元	
事故类型				事故发生部位	
工程概况					
工程名称				工程类型	
工程规模/m²				工程造价/万元	
结构类型				开工日期	
建设单位					
勘察单位				资质等级	
设计单位				资质等级	
施工单位 （总　包）				资质等级	
施工单位 （分　包）				资质等级	
项目经理		资质 等级		项目安 全员	
监理单位					
项目总监				总监代表	
事故伤亡人员情况					
死亡人员人数					
原死亡	新增死亡	总计死亡	职工人数		非职工人数
重伤人员人数					
原重伤	新增重伤	总计重伤	职工人数		非职工人数

第二节 施工单位的安全技术内业资料

一、施工现场重大危险源资料

在工程开工前，施工单位应根据工程的特点、施工工艺、所处环境等因素对施工中可能造成人员伤害的危险因素、危险部位、危险作业进行辨识，确定重大危险点源。对重大危险源进行控制策划以及建立安全管理档案并填写重大危险源识别汇总表，制定重大危险源监控措施，做好重大危险源的应急预案，并按程序报送建设单位。对重大危险源进行施工前，应对作业工人进行安全技术交底，内容包括：

（1）施工现场重大危险源识别汇总表（参考表5.18）。

（1）重大危险源作业前安全技术交底。

（2）重大危险源清单。

表5.18 施工现场重大危险源识别汇总表

表 SA-C1-2

工程名称：　　　　　　　施工单位：　　　　　　　编号：

编号	危险源名称、场所	风险等级	控制措施要点

制表人：　　　　　　　项目负责人：　　　　　　　年　月　日

注：本表由施工单位填写，建设、监理、施工单位各存一份。

二、施工组织设计（专项方案）

根据《建设工程安全生产管理条例》第二十六条、《四川省建筑施工现场安全监督检查暂行办法》（川建发〔2006〕151号）第十二条规定：建设单位在申请"施工许可证"前，要求施工单位要结合工程特点编制有针对性的施工组织设计和专项施工方案。施工组织设计和专项施工方案（包括修改方案）应按照规定程序进行审批，形成记录。

施工组织设计的编制，主要包括安全技术措施和施工现场临时用电方案；对具有一定规模的危险性较大的分部分项工程，编制专项施工方案并附以安全验算结果。

施工组织设计中应编制施工现场临时用电方案，并根据工程的施工工艺和施工方法编写安全技术措施。

针对工程专业性较强的项目，如打桩、基坑支护与土方开挖、支拆模板、起重吊装、脚手架、临时施工用电、塔吊、物料提升机、外用电梯等，编制专项安全施工组织设计。

施工过程中更改方案的，应经原审批人员同意并形成书面方案。

对专业性强、危险性大的施工项目，施工单位应提供专项安全技术方案（包括修改方案）。相关内业管理要求如下：

（1）施工单位的专项安全技术方案（包括修改方案）必须经有关部门和技术负责人审核，施工单位保留审批记录。

（2）施工单位需保留专项安全技术方案的进行计算和图示的记录。

（3）施工单位应保留组织方案编制人员对方案（包括修改方案）的实施进行交底、验收和检查的记录。

（4）对危险性较大的作业进行安全监控管理的记录。

各分部分项工程的专项安全施工方案的编制、审批、审核及专家论证方式方法和专家论证意见书应符合住建部《危险性较大的分部分项工程安全管理办法》的规定，施工现场应收集留存备查。其内容主要包括：

① 专项方案施工方案封面；

② 专项方案报审表；

③ 专项方案会签表；

④ 专家论证意见（属于超过一定规模的分部分项工程范围的应组织 5 位专家进行论证）；

⑤ 具体方案。范文如下：

××工程 施工组织设计

（×××专项工程施工方案）

编制人：

审核人：

审批人：

×××项目部

年　　月　　日

施工组织设计（方案）报（复）审表

工程名称：　　　　　　　　　　　　　　　　　　　　编号

致_____（监理单位）：

现报上_____施工组织设计（方案）（全套、部分），已经我单位上报技术负责人批准，请予审查和批准。

附：

承包单位项目部（公章）　　　　　　　　　　　　　项目负责人（签字）：

项目技术负责人（签字）　　　　　　　　　　　　　　　　　　年　　月　　日

专业监理工程师审查意见：

1. 同意　　　　2. 不同意　　　3. 按以下主要内容修改补充

专业监理工程师（签字）：

年　　月　　日

总监理工程师审核意见：

1. 同意　　　　2. 不同意　　　3. 按以下主要内容修改补充

并于_____月_____日前报来

项目监理机构（公章）：

总监理工程师（签字）：　　　　　　　　　　　　　　　　年　　月　　日

注：本表由施工单位填写，一式三份，连同施工组织设计一并送项目监理机构审查，建设、监理、施工单位各一份。

施工组织设计（专项方案）审批会签表

工程名称		工程面积	
建设单位		结构形式	
监理单位		层数	
总包单位		编制人	
施工单位		审核人	
施工单位意见	施工单位意见： 审批人： 盖章 　　　　　　　　　　　　　　　　年　月　日		
监理单位意见	监理单位意见： 审核人： 盖章 　　　　　　　　　　　　　　　　年　月　日		
建设单位意见	建设单位意见： 审核人： 盖章 　　　　　　　　　　　　　　　　年　月　日		

第三节 施工现场分部分项工程安全管理资料

一、基坑和降水工程施工安全管理资料

基坑工程施工涉及面较广泛，其资料的准确性、及时性、完整性对基坑本身及其周围环境的安全十分重要。包括以下资料：

1. 基坑工程安全专项施工方案、专家论证意见书

根据现行规定，基坑工程的专项安全施工方案的编制、审批、审核及专家论证方式方法和专家论证意见书应符合住建部《危险性较大的分部分项工程安全管理办法》的规定，施工现场应收集留存备查。

2. 基坑工程施工安全技术交底

安全技术交底是指将工程项目安全施工的技术要求在施工前向施工作业班组、作业人员做出详细说明的一种安全生产管理方法，是施工单位有效预防违章指挥、违章作业，杜绝伤亡事故发生的一种有效措施，参考表 5.19。基坑工程专项施工方案实施前，方案编制人员或项目技术负责人应当向现场管理人员和作业人员进行安全技术交底。基坑工程的安全技术交底应包括岩土勘察、水文勘察、支护结构施工、土方开挖施工等。

3. 基坑工程施工检查验收资料

施工现场应根据《基坑工程规范》、《建筑基坑工程监测技术规范》、《建筑基坑支护技术规程》、《成都市建筑工程深基坑施工管理办法》、《成都地区基坑工程安全技术规范》、《关于进一步加强我市深基坑施工安全管理的通知》、《建筑施工土石方安全技术规范》（JGJ180—2009）对土石方开挖、基坑支护、围护结构等安全生产情况进行检查，并填写以下表格，形成检查记录。

（1）人工挖孔桩防护检查表（参考表 5.20）。

（2）特殊部位气体检测记录表（参考表 5.21）。

（3）土石方施工检查表（参考表 5.22）。

（4）基坑防护检查表。

（5）基坑工程监测记录表：

① 基坑毗邻建筑物沉降观测记录表（参考表 5.23）；

② 基坑工程变形监测记录表（参考表 5.24）。

（6）基坑工程日常巡视表（参考表 5.25）。

（7）基坑工程验收表：

① 基坑支护结构验收表（参考表 5.26）；

② 降水工程验收表（参考表 5.27）。

（8）支护结构检测检验表。

（9）基坑工程的安全移交资料（参考表 5.28）。

4. 和建设单位共同存档的环境调查资料

具体包括：地下管线调查、周边建筑物调查、入户调查等资料。

表 5.19 安全技术交底

施工单位				年 月 日	
工程名称		分部分项工程		工种	

交底内容：

交底人签字：

接受交底人签字：

表 5.20　人工挖孔桩防护检查表

工程名称					
施工单位				项目负责人	
分包单位				分包负责人	
序号	检查项目	检查内容与要求		实测实量实查	验收结果
1	资料	有经审批的安全施工组织设计			
		有检测记录			
		日常气体测试记录			
		潜水泵维修保养及绝缘检测记录			
		各工种安全操作规程			
		特种作业人员持证上岗			
		有班组安全记录活动			
2	井孔周边防护	护圈高出地面 25 cm，并设外模，使护圈形成规则的圆环形			
		井孔周边有防护栏并符合要求			
		成孔后有井孔盖			
3	井内防护	井内有半圆平板（网）防护			
		井内有上下梯			
		上下联络信号明确			
4	送风	送风管、设备数量满足要求并性能完好			
		风管材质符合要求不破损			
		孔深超过 5 m，施工过程坚持送风			
5	护壁拆模	护壁及时			
		护壁拆模应经工程技术人员同意			
6	井内作业	井内作业，井上有人监护			
		井内作业人员必须戴安全帽，系安全带或安全绳			
		遵守操作规程			
		井内抽水，作业人员必须脱离水面			
7	气体测试与急救	已配备性能良好的气体检测仪器			
		有经培训急救人员及器具（氧气、防毒面具等）			

续表

序号	检查项目	检查内容与要求	实测实量实查	验收结果
8	现场照明	井孔内使用 12 V 安全电压照明		
		井孔内已使用防水电缆和防水灯泡。电线无老化或绝缘损坏并绑在绝缘子上		
9	电箱	配电系统符合规范要求，漏电保护动作电流不大于 15 mA		
		电箱配置正确		
10	卷扬设备	卷扬机应设超高限位保险措施，并灵敏可靠		
		钢丝绳、绳卡符合规范要求		
		卷扬机底座固定牢固		
		有可靠的保护接零		
11	施工机具	施工机具性能完好，并有可靠的保护接零		
		转动部位有防护措施并符合要求		
		安装符合规范要求		

验收结论：

年　　月　　日

验收人签名	总包单位	分包单位	

监理单位意见：

专业监理工程师：　　　　　　　　　年　　月　　日

表 5.21　特殊部位气体检测记录

编号：

工程名称					施工单位（总包）			
检测日期	部位	检测仪器			气体的种类和检测数值	是否超标	检测人	
		名称	规格型号	编号				
项目负责人				检测人				

表 5.22　土石方施工检查表

工程名称					
施工单位				项目负责人	
分包单位				分包负责人	
序号	检查项目	检查内容与要求		实测实量实查	验收结果
1	资料	有专项施工安全方案及安全操作规程			
		有安全教育及技术交底			
		特种作业人员持证上岗			
		有班组安全记录活动			
2	场地平整	施工区域有明显的警示标志，坍方、沉陷、爆破等危险区域有防护栅栏或隔离带			
		在旧基础或设备基础下开挖时应按规定进行开挖及支护			
		场地内应平整，并有符合要求的排水措施			
		现场堆积物不宜过高，堆物超过 1.8 m 时应设置警示标志或护栏，清理时严禁掏挖			
3	土石方爆破	爆破作业环境应符合要求			
		爆破作业起爆前后的检查及整改、处理措施			
		爆破安全防护及器材的管理应符合要求			
4	机械设备	机械设备有出厂合格证，并根据使用说明书正确使用			
		转动部位有防护并符合要求，机械设备不宜在地下有电缆或燃气管道等 2 m 半径内进行			
		安装符合规范要求			
5	基坑支护	基坑周边影响范围内建筑物以及下水、电缆、燃气、排水等地下管线情况，采取措施保护其安全			
		对开挖的基坑周边的防护及坑内防护要求			
		基坑开挖作业应符合相应要求，支护结构必须达到设计要求方可开挖下层土方			
		边坡开挖的排水防雨措施应符合要求			
		土石方开挖应符合相应的作业要求			

验收结论：

　　　　　　　　　　　　　　　　　　　　　　　　　　　　年　　月　　日

验收人签名	总包单位	分包单位	

监理单位意见：

　　　　　　　　　　　　　　专业监理工程师：　　　　　　　年　　月　　日

表 5.23　基坑毗邻建筑物沉降观测记录表

工程名称												
沉降观测单位						观测者：			记录者：			

序号	检查项目	观测点编号	第　次			第　次			第　次			
			年　　月　　日			年　　月　　日			年　　月　　日			
			标高/m	沉降量/mm		标高/m	沉降量/mm		标高/m	沉降量/mm		
				本次	累计		本次	累计		本次	累计	
1	沉降观测结果											
2	观测数据分析及观测结果											
3	对超报警值的处理建议											

说明：当出现下列情况之一时，应立即报警；若情况比较严重，应立即停止施工，并对基坑支护结构和周围环境中的保护对象采取应急措施《建筑基坑工程监测技术规范》(GB50497—2009)。

① 出现了基坑工程设计方案、监测方案确定的报警情况，监测项目实测值达到设计监控报警值。

② 基坑支护结构或后面土体的最大位移已大于基坑变形监控表的规定，或其水平位移速率已连续 3 日大于 3mm/d（2 mm/d）。

③ 基坑支护结构的支撑或锚杆体系中有个别构件出现应力剧增、压屈、断裂、松弛或拔出的迹象。

④ 建筑物的不均匀沉降（差异沉降）已大于现行建筑地基基础设计规范规定的允许沉降差，或建筑物的倾斜速率已连续 3 日大于 $0.0001H$/d（H 为建筑物承重结构高度）。

⑤ 已有建筑物的砌体部分出现宽度大于 3 mm（1.5 mm）的变形裂缝或其附近地面出现宽度大于 15 mm（10 mm）的裂缝，且上述裂缝上可能发展。

⑥ 基坑底部或周围土体出现可能导致剪切破坏的迹象或其他可能影响安全的征兆（如少量流砂、管涌、隆起、陷落等）。

⑦ 根据当地经验判断认为，已出现其他必须加强监测的情况。

基坑变形监控值（cm）一般应以累计变化量和单位长度内差异变形量两个值控制，管线监控报警：其限值应根据管线管理部门的要求确定。周围建筑物报警：应符合规范（可以参照国家或地区有关的民用建筑可靠性鉴定标准、地基基础设计规范等）和设计限值的要求，并以累计变形量、变形速率、差异变形量并结合裂缝观测确定。

表 5.24　基坑支护变形监测记录表

工程名称				
施工单位			项目负责人	
监测单位			监测负责人	
施工执行标准及编号				

序号	检查项目	检查内容与要求	实测实量实查	验收结果
1	资料	基坑设计单位提出本工程监测项目、测点位置、监测频率和监测报警值等监测技术要求，监测单位进行现场踏勘、收集资料、编写监测方案		
		对要求论证的监测方案应进行专门论证		
		现场数据原始记录表格		
2	前期准备	监测点的布置应符合规范要求，选择的监测方法应合理可行		
		监测仪器、设备和监测原件应符合要求，并在监测过程中加强对仪器设备的维护保养、定期检测及监测元件的检查记录		
		监测点、设备、仪器、原件的验收记录		
3	现场监测	基坑及支护结构		
		基坑内外地下水位		
		基坑底部、周边土体		
		建筑周边环境		
		周边管线及设施		
		周边重要道路		
4	监测数据	监测数据的计算、整理、分析及信息反馈		
		提交阶段性监测结果和报告		
		完整的监测资料		

监测单位意见：

　　　　　　　　　　　　　　　　　　　　　　　　　　　　年　　　月　　　日

说明：《建筑基坑支护技术规程》（JGJ120—2012）的规定：安全等级为一级、二级的支护结构，在基坑开挖过程与支护结构使用期内，必须进行支护结构的水平位移监测和基坑开挖影响范围内建(构)筑物、地面的沉降监测。基坑工程的现场监测应以仪器观测为主，仪器观测和巡视检查相结合。
　　　　基坑及支护结构监控报警值一般应以累计变化量和变化速率两个值控制。
　　　　管线监控报警，其限值应根据管线管理部门的要求确定。
　　　　周围建筑物报警：应符合规范（可以参照国家或地区有关的民用建筑可靠性鉴定标准、地基基础设计规范等）和设计限值的要求，并以累计变形量、变形速率、差异变形量并结合裂缝观测确定。仪器监测项目按可参考表1进行，监测频率可参考表2进行。

表1　基坑工程现场监测——仪器监测项目

监测项目 基坑类别	一级	二级	三级
围护墙（边坡）顶部水平位移	应测	应测	应测
围护墙（边坡）顶部竖向位移	应测	应测	应测
深层水平位移	应测	应测	宜测
立柱竖向位移	应测	宜测	宜测
围护墙内力	宜测	可测	可测
支撑内力	应测	宜测	可测
立柱内力	可测	可测	可测
锚杆内力	应测	宜测	可测
土钉内力	宜测	可测	可测
坑底隆起（回弹）	宜测	可测	可测
围护墙侧向土压力	宜测	可测	可测
孔隙水压力	宜测	可测	可测
地下水位	应测	应测	应测
土体分层竖向位移	宜测	可测	可测
周边地表竖向位移	应测	应测	宜测
周边建筑　竖向位移	应测	应测	应测
周边建筑　倾斜	应测	宜测	可测
周边建筑　水平位移	应测	宜测	可测
周边建筑、地表裂缝	应测	应测	应测
周边管线变形	应测	应测	应测

表2　监测频率

基坑工程安全等级	施工进程		基坑开挖深度 ≤5 m	5~10 m	10~15 m	>15 m
一级	开挖面深度	≤5 m	1 d	2 d	2 d	2 d
		5~10 m		1 d	1 d	1 d
		>10 m			12 h~1 d	12 h~1 d
	基坑开挖完后时间	≤7 d	1 d	1 d	12 h~1 d	12 h~1 d
		7~15 d	3 d	2 d	1 d	1 d
		15~30 d	7 d	4 d	2 d	1 d
		>30 d	10 d	7 d	5 d	3 d
二级	开挖面深度	≤5 m	2 d	2 d		
		5~7 m		1 d		
	基坑开挖完后时间	≤7 d	2 d	2 d		
		7~15 d	5 d	5 d		
		15~30 d	10 d	7 d		
		>30 d	10 d	10 d		

表 5.25 基坑工程日常巡视表

工程名称：

巡视人： 巡视日期： 年 月 日

分类	巡视检查内容	巡视检查结果	备注
自然条件	气温		
	雨量		
	风级		
	水位		
支护结构	支护结构成型质量		
	冠梁、支撑、围檩裂缝		
	支撑、立柱变形		
	止水帷幕开裂、渗漏		
	墙后土体沉陷、裂缝及滑移		
	基坑涌土、流砂、管涌		
施工工况	土质情况		
	基坑开挖分段长度及分层厚度		
	地表水、地下水状况		
	基坑降水、回灌设施运转情况		
	基坑周边地面堆载情况		
周边环境	地下管道破损、泄漏情况		
	周边建（构）筑物裂缝		
	周边道路（地面）裂缝、沉陷		
	临近施工情况		
监测设施	基准点、测点完好状况		
	观测工作条件		
	监测元件完好情况		

巡视结论：

表 5.26 基坑支护结构验收表

工程名称			支护类型	
支护高度			验收日期	

序号	验收项目	技术要求	验收结果
1	专项施工方案、设计计算书	内容具体、手续完备、指导施工以及当基坑支护结构作为永久结构使用时，应根据主题工程设计文件资料进行基坑支护结构设计	
2	支护结构原材料合格证明文件	应具有支护结构原材料出厂合格证、试验报告	
3	施工记录、隐蔽工程验收文件	支护结构施工过程中的检查记录、隐蔽工程验收文件	
4	支护结构试验、检测报告	喷射混凝土强度、厚度、外观尺寸及锚杆抗拉拔力等检查和试验报告，预应力锚杆性能试验与验收报告，护壁桩桩身完整性试验与质量检测报告	
5	设计变更报告	当遇有设计变更时，应有设计变更文件	
6	工程重大问题处理文件	当遇有重大问题及时处理文件、处理措施得当、方案可行	
7	基坑支护变形监测、毗邻建筑物沉降观测记录	基坑支护变形监测、毗邻建筑物沉降观测有记录，超报警值时有处理加固措施	

基坑支护平面、剖面图：	

验收结论	
	技术负责人：　　　　　　　　　　　　　　　年　　月　　日

验收人员签字	建设单位：		
	勘察单位：	设计单位：	监测单位：
	监理单位：		
	施工单位：		

注：基坑支护结构的质量检测参照下表进行。

基坑支护结构的质量检测

土钉墙	抗拔承载力	总土钉数的1%，且不应少于3根	注浆注浆固结体强度达到10 MPa或达到设计强度等级的70%后进行
	喷射混凝土厚度	500 m² 墙面不少于1组，每组不应少于3个检测点	钻孔检测
	喷射混凝土抗压强度	每500 m² 一组，每组试件不应少于3个	现场制作试场试验，无试场时采用钻芯法或原位抽芯法
排桩	排桩和冠梁混凝土抗压强度	每批次砼的取样试块不少于3组，每组3件	当对桩身混凝土强度有怀疑时，可用钻芯法取样进行试验
	受力纵向钢筋的焊接质量	应抽查件数的10%且不少于3件	
	桩身完整性进行检测	一级基坑低应变检测数不少于30%，且不少于20根；采用声波透射法时检测数不少于10%，且不少于10根；其他情况低应变测数不少于20%，且不少于10根	有疑问的桩、设计认为重要的桩、局部地质条件出现异常的桩应作为受检桩。低应变判定的桩身结构完整性为Ⅲ、Ⅳ时，用钻芯法进行补充检测，检测数量不少于Ⅲ、Ⅳ总数的50%，且不少于3根。钻芯后发现Ⅳ类桩，应分析原因，必要时应按原抽检比例扩大低应变检测
地下连续墙	深度、厚度、槽底、沉渣、倾斜	20%，每槽段不少于1个段面	
	混凝土抗压强度试验	1组/50 m³，每幅槽断不少于1组，一个单体建筑不少于6组	
	墙体混凝土质量	检测槽段数不少于总槽段数的20%，且不少于3个槽段	采用声波透射法。当根据声波透射法判定的墙身质量不合格时，应采用钻芯法进行补充检测，检测墙段数量不宜少于同条件下总墙段数的1%，且不得少于3个槽段，每幅墙段的钻孔数量不应少于2个
	单轴抗压强度及完整性	不少于总桩数的1%，且不得少于6处	检测宜在水泥土墙施工完成28d后进行；对施工中出现异常的部位，应钻取水泥土芯样进行检验
锚杆	注浆体强度检验	每30根不少于1组，每组试块数量：砂浆为3块，水泥净浆为6块	
	锚杆抗拔承载力试验	不少于锚杆总数的5%，且同一土层内不得少于3根	应在锚杆的固结强度达到设计强度的70%后进行
钢或钢筋混凝土支撑	钢筋混凝土支撑、腰梁	每50 m³ 混凝土不少于1组试块，总量不少于3组试块	混凝土浇筑28 d后，应用回弹仪测试混凝土强度，不应少于一组，每组3点。若回弹仪测试结果不满足设计要求，则应进行进一步检验
	钢支撑与钢腰梁	根据现场情况确定	应检查焊缝连接的表观质量；对一级基坑，尚应进行焊缝探伤试验
重力式水泥土墙	水泥土的单轴抗压强度及完整性、水泥土墙的深度	检测桩数不应少于总桩数的1%，且不应少于6根	

注：本表根据相关规范编制，使用时请参考相应规范。

表 5.27　降水工程验收表

管井、引渗井检验批质量验收记录				编号	
单位（子单位）工程名称					
分部（子分部）工程名称			验收部位		
施工单位			项目经理		
分包单位			分包项目经理		
执行标准名称及编号					
质量验收规范的规定				施工单位检查评定记录	监理（建设）单位验收记录
主控项目	1	井深	以深度控制的	−20 cm，+100 cm		
			以井底地层控制的	符合设计要求		
	2	滤料	含泥量	<3%		
			级配	符合设计要求		
	3	井径		−20 mm		
	4	洗井		水清砂净、上下水层串通		
一般项目	1	井位	明挖	排桩、地下连续墙支护	降水井与支护结构外皮之间的净距离应≥1.5 m		
				土钉墙支护	降水井距槽边的距离槽边（壁）应≥1.0 m		
			暗挖	降水井与地铁结构之间的最小净距离应≥2.0 m		
	2	填料量（与计算量相比）		≥95%		
	3	垂直度		1%		
	4	下管（与井轴相比）		居中		
	5	滤水管空隙率	钢管	≥10%		
			无砂水泥管	≥15%		
施工单位检查评定结果	专业工长（施工员）			施工班组组长		
	项目专业质量检查员：				年　月　日	
监理（建设）单位验收结论	专业监理工程师： （建设单位项目专业技术负责人）				年　月　日	

表 5.28 基坑工程安全资料移交表

工程名称：   移交时间：

基坑施工单位：		总承包单位：	
序号	移交内容		备注
1	基坑工程专项施工方案、专家论证意见书		
2	基坑工程施工安全技术交底		
3	基坑工程施工检查表	人工挖孔桩防护检查记录	
		土石方施工检查记录	
		基坑安全检查记录	
4	基坑工程监测记录	基坑毗邻建筑物沉降观测记录	
		基坑支护变形观测记录	
5	基坑工程日常巡视记录		
6	基坑工程验收记录	基坑支护结构验收记录	
		降水工程验收记录	

使用注意事项：

移交单位：（盖章）   项目负责人：

接收单位：（盖章）   项目负责人：

二、模板工程安全管理资料

1. 模板工程安全专项施工方案、专家论证意见书

施工单位应根据国家现行相关标准规范，在施工前编制专项施工方案，并按照程序进行审批。属于高大模板范围的，根据《建设工程高大模板支撑系统施工安全监督管理导则》要求，其专项方案应由项目技术负责人组织相关专业技术人员，结合工程实际，编制专项施工方案，并进行审核、论证。具体内容包括：

（1）编制说明及依据。

（2）工程概况。

包括：高大模板工程特点、施工平面及立面布置、施工要求和技术保证条件，具体明确支模区域、支模标高与高度以及支模范围内的梁截面尺寸、跨度、板厚和支撑的地基情况等。

（3）施工计划。

（4）施工工艺技术。

包括：高大模板支撑系统的基础处理、主要搭设方法与工艺要求、材料的力学性能指标、构造设置以及检查、验收要求等。

（5）施工安全保证措施。

包括：模板支撑体系搭设施工技术措施、模板安装与拆除的安全技术措施、施工应急救援预案以及模板支撑系统在搭设、钢筋安装、混凝土浇捣过程中和混凝土终凝前后模板支撑体系位移的监测监控措施等。

（6）劳动力计划。

包括模板工程安拆时专职安全人员的配备等。

（7）计算书及相关图纸。

验算项目及计算内容包括：模板、模板支撑系统的主要结构强度和截面特征及各项荷载设计值与荷载组合，梁、板模板支撑系统的强度和刚度计算，梁板下立杆稳定性计算，立杆基础承载力验算，支撑系统支撑层承载力验算，转换层下支撑层承载力验算等。每项计算列出计算简图和截面构造大样图，注明材料尺寸、规格、纵横支撑间距。

说明：附图包括支模区域立杆、纵横水平杆平面布置图，支撑系统立面图、剖面图，水平剪刀撑布置平面图及竖向剪刀撑布置投影图，梁板支模大样图，支撑体系监测平面布置图与连墙件布设位置及节点大样图等。

（8）高大模板工程的审核、论证。

应先由施工单位技术部门组织本单位施工技术、安全、质量等部门的专业技术人员进行审核，经施工单位技术负责人签字后，再按照《危险性较大的分部分项工程安全管理办法》规定组织专家进行论证。注意：本项目参建各方的人员不得以专家身份参加专家论证会。

2. 模板工程安全技术交底

模板工程专项方案实施前，编制人员或项目技术负责人应当向现场管理人员和作业人员进行安全技术交底。其表格按照基坑工程安全技术交底表格填写。

3. 模板工程支架验收

施工单位、监理单位应当组织有关人员按照经批准的专项施工方案及专家论证意见书对模板工程支架系统进行验收，验收合格，经施工单位项目技术负责人及项目总监理工程师签字后，方可进入下一道工序。

（1）材料验收。

对支撑系统结构的材料，应按以下要求进行验收、抽检和检测，并留存记录、资料：

① 对承重杆件、连接件等材料的验收。

复核产品合格证、生产许可证、检测报告，并根据规范《建筑施工扣件式钢管脚手架安全技术规范》（JGJ130—2011）、《钢管脚手架扣件》（GB15831—2006）、《租赁模板脚手架维修保养技术规范》（GB50829—2013）等规范规定进行抽样检测（法定检测单位检测）。扣件式脚手架钢管应采用现行国家标准《直缝电焊钢管》（GB/T13793）或《低压流体输送用焊接钢管》（GB/T3091）中规定的 Q235 普通钢管，钢管的钢材质量符合现行国家标准《碳素结构钢》（GB/T700）中 Q235 级钢的规定；脚手架钢管宜采用 φ48.3×3.6 钢管，每根钢管的最大质量不应大于 25.8 kg。

钢管抽样监测应按 750 根为一批，每批抽取 1 根进行检验。

扣件的抽样检测分为主要项目（抗滑性能、抗破坏性能、扭转刚度性能、抗拉性能、抗压性能）、一般项目。每批扣件数量必须大于 280 件。其抽样检测按以下要求进行：当扣件在 281～500 件时，应抽样检测 8 件；当扣件在 501～1 200 件时，应抽样检测 13 件；当扣件在 1 201～10 000 件时，应抽样检测 20 件；当扣件数量超过 10 000 件时，超过部分应作另一批抽样。可调托撑的螺杆外径不得小于 36 mm，螺杆与支托板焊接应牢固，焊缝高度不得小于 6 mm；可调托撑螺杆与螺母旋合长度不得少于 5 扣，螺母高度不得小于 30 mm。可调托撑受压承载力设计值不应小于 40 kN，支托板厚不应小于 5 mm。

② 使用扣件钢管搭设的模板。

对使用扣件钢管搭设的模板工程，按照《建筑施工扣件式钢管脚手架安全技术规范》（JGJ130）的规定：对扣件坚固力矩进行抽检，抽检数量符合规范规定；对梁底使用的扣件的紧固力矩应进行全面检查。

其他支架材料从其规范。

（2）模板工程支架结构的验收（参考表 5.29）。

（3）模板支架的结构可参照表 5.30 搭设。

（4）高大模板支撑系统搭设的验收。

高大模板支撑系统搭设前，应进行地基预压，项目技术负责人应组织人员对需要处理或加固的地基、基础进行验收，并留存记录（参考表 5.31）。支架搭设完成后应进行预压，并由项目负责人组织验收，验收人员应包括施工单位与项目两级技术人员和项目安全、质量、施工人员以及监理单位的总监和专业监理工程师（参考表 5.32～表 5.35）。验收合格，经施工单位项目技术负责人及项目总监理工程师签字后，方可进入后续工序的施工。

表 5.29　模板支架验收内容（扣件式钢管支架）

序号	项目		技术要求		检查方法	备注
	钢管扣件的质量证明材料		须有检测报告和产品质量合格证等质量证明材料		检查资料	必须提供扣件生产许可证
	施工组织设计和专项安全施工方案		须有审批手续（达到超过一定规模的危险性较大的模板工程须含专家论证意见）		检查	
	地基基础	承载能力	设计	实测	检查资料、是否有设计计算书	
		排水性能	排水性能良好		观察	
		底座和垫木	无晃动、滑动、材质符合要求		观察	
		地基预压	符合规范要求		查预压报告	
	架体结构	立杆对接接头	竖向错开距离≥500 接头中心距主节点≤1/3 步距		实测	按规范确定检查点数，如扣件式钢管支架按《建筑施工扣件式钢管脚手架安全技术规范》、门式按《建筑施工门式钢管脚手架安全技术规范》（JGJ 128—2010）、碗扣式按《建筑施工碗扣式钢管脚手架安全技术规范》（JGJ166—2008）等，并按《建筑施工模板安全技术规范》（JGJ162—2008）施工
		梁板跨度大于 4 m 时起拱	按设计或 1/1 000～3/1 000		实测	
		扣件扭力	45～65 N·m 抽查数量按规范			
		纵距	按设计±50 mm			
		横距	按设计±50 mm			
		步距	按设计±50 mm			
		水平剪刀撑	按设计（符合规范要求）确定的数量、间距		根据设计要求、实测	
		纵向剪刀撑	按设计（符合规范要求）确定的数量、间距			
		横向剪刀撑	按设计（符合规范要求）确定的数量、间距			
		水平加强杆增设道数	按设计（符合规范要求）确定的数量			

注：①　其他支架按相应规范要求验收。
　　②　请参阅《建筑施工构件或钢管脚手架安全技术规范》（JGJ130—2011）、《建筑施工模板安全技术规范》（JGJ—2008）。

立管基础

地基土类别	折减系数	
	支撑在原土上	支撑在回填土上
碎石土、砂土、多年填积土	0.8	0.4
粉土、黏土	0.9	0.5
岩石、混凝土	1.0	

注：① 立柱基础应有良好的排水措施，支安垫木前应适当洒水将原土表面夯实、夯平。
② 回填土应分层夯实，其各类回填土的干容重应达到所要求的密实度。地基基础的承载力设计值根据地基土类别和支撑形式可按《建筑施工模板安全技术规范》（JGJ 162—2008）规定作一定折减。

表 5.30　模板支架表

立杆间距（梁板成倍数，严禁搭接、错接，底部设垫木和底座）	1.2×1.2	1.0×1.0	0.9×0.9	0.75×0.75	0.6×0.6	0.4×0.4
横杆步距（设扫地、扫天杆，中间平均分配，8～20 m 时顶上一步中间增设一道水平杆，20 m 以上顶上两步分别增设一道）	1.8	1.8	1.8	—	—	—
	1.5	1.5	1.5	—	—	—
	1.2	1.2	1.2	1.2	—	—
	—	0.9	0.9	0.9	0.9	—
	—	—	0.6	0.6	0.6	0.6

剪刀撑（扣规）	普通型	竖向	周边及纵、横向每5～8m连续设置，宽5～8m		
		水平	在竖向剪刀撑顶部交叉点平面连续设置，高大模板在扫地杆平面增设，中间水平间距≤8 m		
	加强型	竖向	≤5 m，横向 4 跨	≥3 m，横向 5 跨	横向 3～3.2 m
			横向 4 跨，且≤5 m	横向 5 跨，且≥3 m	横向 3～3.2 m
		水平	在竖向剪刀撑顶部交叉点平面连续设置，高大模板在扫地杆平面增设，中间水平间距≤6 m，宽度 3～5 m		
剪刀撑（模规，宽4～6m）			外侧周圈设由下至上竖向连续剪刀撑，中间纵横向每隔10 m设一道竖向连续剪刀撑，8～20 m 时用"之"字斜撑相连，20 m 以上用剪刀撑相连，在剪刀撑顶部和扫地杆处设水平剪刀撑		
备　注			本表按《扣件式钢管脚手架安全技术规范》（JGJ130—2011）设计时，立杆间距为1.2 m×1.2 m 时普通型剪刀撑支架无 1.8 m 步距，剪刀撑斜杆与地面倾角应为45°～60°搭接长度≥1 m、不少于 2 个旋转扣件		

表 5.31　高大模板支撑体系安全检查验收表

项目名称					
搭设部位				是否为高大模板	
搭设班组				班组长	
钢管、扣件、顶托	进场验收是否合格			责任人	
检查内容	允许偏差	是否符合方案要求	检查验收结论		安全工程师
立杆间距	±30 mm				
水平杆步距	±20 mm				
立杆垂直度	±7 mm（$H=2$ m）				
	±30 mm（$H=10$ m）				
	±60 mm（$H=20$ m）				
	±90 mm（$H=30$ m）				
扣件螺栓力矩	40~65 N·m				
顶托螺杆伸出钢管顶部≤200 mm，插入立杆内的长度≥150 mm					
立杆伸出顶层水平杆中心线至支撑点的长度					
立杆基础垫木、底座、支托，垫板厚度≥50 mm					
立杆底距地面200 mm高处，沿纵横水平方向按纵下横上的程序设置扫地杆					
立杆应采用对接连接、相邻连接位置不得在同步内且竖向错开≥500 mm，距离主节点≤步距的1/3					
纵、横向水平杆设置					
剪刀撑	垂直纵、横向				
	水　平				
其他（与主体结构联系）					
施工项目部检查结论	结论：　□ 检查合格，同意浇筑　　□ 检查不合格，不能进行浇筑　项目技术负责人：　　　　　　　　　项目经理：　　　　　　　　　　　　　　　　　　　验收日期：　　年　　月　　日				
施工单位带班领导检查意见（本人签字）	结论：　□ 检查合格，同意浇筑　　□ 检查不合格，不能进行浇筑　企业安全部门：　　　　　　　　　企业技术部门：　带班领导：　　　　　　　　　　　　　　　　　检查日期：　　年　　月　　日				
监理单位验收结论	结论：　□ 检查合格，同意浇筑　　□ 检查不合格，不能进行浇筑　专业监理工程师：　　　　　　　　总监理工程师：　　　　　　　　　　　　　　　　　检查时间：　　年　　月　　日				

表 5.32 支架预压验收表

工程名称				
单位工程名称				
分部工程名称				
工序名称		检查项目		
验收日期		验收范围		
验收意见	施工单位	项目技术负责人： 项目经理： 　　年　　月　　日（施工方项目部章）		
	监理单位	总监理工程师： 　　年　　月　　日（监理项目部章）		
	设计单位	设计项目负责人： 　　年　　月　　日（设计部门章）		
	建设单位	项目负责人： 　　年　　月　　日（建设项目部章）		

注：请参阅《钢管满堂支架预压技术规程》（JGJ/T 194—2009）。

表 5.33　支架基础沉降监测表

日期：　　　年　　　月　　　日　　　　　　　　　　　　　　　　　　　　　　　　　　　　　　　　　　　单位：mm

测点	加载前	加载后													卸载 6 h 后		非弹性变形量
	标高	0 h		24 h		48 h		72 h		96 h		120 h			标高	弹性变形量	
		标高	沉降量	标高	沉降量	标高	沉降量	标高	沉降量	标高	沉降量	标高	沉降量			

监测：　　　　　　　　　　　　　计算：　　　　　　　　　　　　施工技术负责人：　　　　　　　　　　监理：

注：①表中沉降量均为相邻两次监测标高之差。
　　②若支架基础预压监测 120 h 不能满足本规范第 4.1.6 条的规定，可根据实际情况延长预压时间或采取其他处理方法。
　　③请参阅《钢管满堂支架预压技术规程》（JGJ/T 194—2009）。

表 5.34　支架沉降监测表——顶部（底部）测点

日期：　　　　　　　　　　　　　　　　　　　　　　　　　　　　　　　　　　　　　　单位：mm

测点	加载前	加载中																加载后								卸载 6 h 后		非弹性变形量
		60%								80%								100%										
		0 h		12 h		24 h		36 h		0 h		12 h		24 h		36 h		0 h		24 h		48 h		72 h				
	标高	标高	沉降量	标高	沉降量	标高	沉降量	标高	沉降量	标高	沉降量	标高	沉降量	标高	沉降量	标高	沉降量	标高	沉降量	标高	沉降量	标高	沉降量	标高	沉降量	标高	弹性变形量	

计算：　　　　　　　　　　　　　　　　　　　　　　　　　　　　

监测：　　　　　　　　　　　　　　　　　　　施工技术负责人：　　　　　　　　　　　监理：

注：① 表中沉降量均为相邻两次监测标高之差。
　　② 加载过程中，若支架预压监测 36 h 不满足本规程 5.3.3 条规定的，应重新对支架进行验算与安全检查，并可根据实际情况延长预压时间或采取其他处理方法。
　　③ 请参阅《钢管满堂支架预压技术规程》（JGJ/T 194—2009）。

表 5.35 模板支架验收记录表

项目名称									
搭设部位				高度		跨度		最大荷载	
搭设班组						班组长			
操作人员 持证人数						证书符合性			
专项方案编审 程序符合性					安全技术交底 情况				
钢 管 扣 件	进场前质量验收情况								
	材质、规格与方案的符合性								
	使用前质量检测情况								
	外观质量检查情况								
检查内容		允许偏差	方案要求	实际质量情况					符合性
立杆 间距	梁底	+30 mm							
	板底	+30 mm							
步　　距		+50 mm							
立杆垂直度		≤0.75% 且 ≤60 mm							
扣件拧紧		40～65 N·m							
立杆基础									
扫地杆设置									
拉结点设置									
立杆搭接方式									
纵、横向水平杆设置									
剪刀撑	垂直纵、横向								
	水平（高度＞4 m）								
其　　他									
施工单位 检查结论	结论： 　　　　　　　　　　　　项目技术负责人：　　　　　　　项目经理： 　　　　　　　　　　　　　　　　　　　　检查日期：　　年　　月　　日								
监理单位 验收结论	结论： 　　专业监理工程师：　　　　　　　　总监理工程师： 　　　　　　　　　　　　　　　　　　　　验收日期：　　年　　月　　日								

4. 混凝土浇筑令

模板工程经验收合格后，在混凝土浇筑前，由施工单位项目技术负责人、项目总监确认具备混凝土浇筑的安全生产条件后，签署混凝土浇筑令（参考表 5.36），方可浇筑混凝土。

表 5.36　混凝土浇筑令

<table>
<tr><td colspan="2">工程名称</td><td></td><td>混凝土搅拌方法</td><td>商品混凝土公司机械搅拌</td></tr>
<tr><td colspan="2">申请浇筑部位</td><td></td><td colspan="2" rowspan="2"></td></tr>
<tr><td colspan="2">浇筑时间</td><td></td><td>混凝土捣固方法</td><td>机械振捣方式</td></tr>
<tr><td>混凝土强度等级</td><td></td><td>混凝土用量</td><td></td><td>混凝土强度等级</td><td></td><td>混凝土用量</td><td></td></tr>
<tr><td colspan="2">混凝土总用量</td><td colspan="6"></td></tr>
<tr><td rowspan="2">准备工作</td><td>专业类别</td><td colspan="5">检查项目（或内容）</td><td>检查情况/确认人</td></tr>
<tr><td>土建钢筋工程</td><td colspan="5"></td><td></td></tr>
<tr><td rowspan="8">施工</td><td>土建模板工程</td><td colspan="5"></td><td></td></tr>
<tr><td>土建混凝土工程</td><td colspan="5"></td><td></td></tr>
<tr><td>土建机电</td><td colspan="5"></td><td></td></tr>
<tr><td>安装</td><td colspan="5"></td><td></td></tr>
<tr><td>弱电</td><td colspan="5"></td><td></td></tr>
<tr><td>消防</td><td colspan="5"></td><td></td></tr>
<tr><td>人防</td><td colspan="5"></td><td></td></tr>
<tr><td>其他</td><td colspan="5"></td><td></td></tr>
<tr><td colspan="8">总承包单位施工负责人意见：

　　　　　　　　　　　　　　　　　　　　　　　　　　　年　　月　　日</td></tr>
<tr><td colspan="8">总包单位公司意见：

　　　　　　　　　　　　　　　　　　　　　　　　　　　年　　月　　日</td></tr>
<tr><td colspan="8">专业监理工程师、总监理工程师意见：

　　　　　　　　　　　　　　　　　　　　　　　　　　　年　　月　　日</td></tr>
<tr><td colspan="8">建设单位意见：

　　　　　　　　　　　　　　　　　　　　　　　　　　　年　　月　　日</td></tr>
</table>

5. 模板工程的监测

施工现场应按照《建筑施工临时支撑结构技术规范》（JGJ 300—2013）的要求，在混凝土浇筑过程中对模板支撑体系进行监测，发现有松动、变形等情况，必须立即停止浇筑，撤离作业人员，并采取相应的加固措施。模板工程的监测项目通常包括下列内容：

（1）支撑系统荷载变化；

（2）支撑架变形；

（3）地基土沉降；

（4）扣件扭力矩（具体可参考表 5.37）。

表 5.37　模板支撑体系监测记录表（临时支撑结构）

工程名称				施工单位		
分部分项工程名称			项目负责人		监测负责人	
施工执行标准及编号						

序号	检查项目	检查内容与要求	实测实量实查	验收结果
1	资料	本分部工程监测方法、测点位置、监测频率和监测报警值等监测技术要求、监测方案，对要求论证的监测方案应进行专门论证		
2	前期准备	监测点的布置应符合规范要求，选择的监测方法应合理可行		
		监测仪器、设备和监测原件应符合要求，并在监测过程中加强对仪器设备的维护保养、定期检测及监测元件的检查记录		
		监测点、设备、仪器、原件的验收记录		
3	现场监测	支撑架荷载变化		
		支撑架变形		
		地基土沉降		
		扣件扭力矩		
4	监测数据	监测数据的计算、整理、分析及信息反馈		
		提交阶段性监测结果和报告		
		完整的监测资料		

监测单位意见：

年　　月　　日

6. 模板工程拆除

底模及其支架拆除时的混凝土强度应符合设计要求；当设计无具体要求时，混凝土强度应符合《混凝土结构工程施工质量验收各类构件的混凝土强度设计要求规范》（GB50204—2002）的规定（参考表5.38）。对后张法预应力混凝土结构构件，侧模宜在预应力张拉前拆除；底模支架的拆除应按施工技术方案执行，当无具体要求时，不应在结构构件建立预应力前拆除。

表 5.38　各类构件的混凝土强度设计要求

构件类型	构件跨度/m	达到设计的混凝土立方体抗压强度标准值的百分率/%	备注
板	≤2	≥50	该强度为同条件养护立方体抗压强度
	>2，≤8	≥75	
	>8	≥100	
梁、拱、壳	≤8	≥75	
	>8	≥100	
悬臂构件	—	≥100	

（1）同条件养护混凝土试压报告；全数检查。

（2）提前拆除审批、计算确认资料。

当混凝土未达到规定强度或已达到设计规定强度时，如需提前拆模或承受部分超设计荷载时，必须经过计算和技术主管确认其强度能足够承受此荷载后，方可拆除。

（3）经监理确认的模板拆除申请表（参考表5.39）。

表 5.39　模板拆除（安全）申请表

编号：

单位名称		工程名称	
砼浇捣日期		设计拆模强度	
砼实际强度		试块报告编号	
拆 除 部 位		监护人	
拆模警戒范围		拆除班组	

拆模安全技术措施：

施工部门负责人：

申请人：　　　　年　月　日	技术负责人：　　　　年　月　日
工地审批负责人：　　年　月　日	监理单位：　　　　　年　月　日
质量员：　　　　　年　月　日	安全员：　　　　　年　月　日

三、脚手架安全管理资料

1. 脚手架工程的专项施工方案

搭设高度超过规范要求的扣件式钢管脚手架、门式钢管脚手架、碗扣式钢管脚手架、承插型盘扣式钢管脚手架、满堂式脚手架、悬挑式脚手架、附着式升降脚手架等搭设、拆除前应编制专项施工方案。对于超过一定规模的危险性较大的脚手架工程，施工单位应当组织 5 位以上符合相关专业要求的专家进行论证。

2. 脚手架工程安全技术交底

脚手架专项方案实施前，编制人员或项目技术负责人应当向现场管理人员和作业人员进行安全技术交底。

3. 脚手架验收

脚手架的验收包括：

（1）进行材质验收。

脚手架材质的检查包括：钢管、扣件、脚手板、悬挑脚手架用型钢、可调托撑。依据《建筑施工扣件式钢管脚手架安全技术规范》（JGJ 130—2011）进行检查。其中，扣件进入施工现场前应检查产品合格证，并应进行抽样检查。施工现场应留存产品合格证，抽样检查记录。

（2）脚手架验收。

脚手架及其地基基础应在下列阶段进行检查与验收（参考表 5.40 ~ 表 5.49），验收依据《建筑施工扣件式钢管脚手架安全技术规范》（JGJ 130—2011）、《钢管扣件租赁维修保养技术规程》、施工组织设计、专项方案及变更文件、技术交底文件等进行：

（1）基础完工后及脚手架搭设前；

（2）作业层上施加荷载前；

（3）每搭设完 6 ~ 8 m 高度后；

（4）达到设计高度后；

（5）遇有六级强风及以上风或大雨后，冻结地区解冻后；

（6）停工超过一个月。

表 5.40　扣件式钢管脚手架验收表

工程名称					
施工单位			项目负责人		
分包单位			分包项目经理		
施工执行标准及编号		《建筑施工扣件式钢管脚手架安全技术规范》（JGJ 130—2011）			
验收部位		搭设高度　　　　m	钢管尺寸	外径_____，壁厚_____	

序号	检查项目	检查内容与要求	实测、实量、实查		验收结果
			实查点	合格点	
1	施工方案	搭设单位应取得脚手架搭设资质，架子工持证上岗			
		脚手架搭设前必须编制施工组织设计，审批变更手续完备			
		搭设高度 50 m 以下脚手架应有连墙件，立杆地基承载力设计计算，搭设高度超过 50 m 时应有完整的设计计算			
		立杆、大横杆、小横杆间距符合设计和规范要求			
2	立杆基础	基础验收合格，平整坚实与方案一致，有排水设施			
		立杆底部有底座或垫板符合方案要求并准确放线定位			
		立杆没有因地基下沉悬空的情况			
3	剪刀撑	搭设高度在 24 m 以下的脚手架，必须在外侧两端、转角及中间不超过 15 m 的立面上各设置由底至顶连续剪刀撑，每道剪刀撑宽度不小于 4 跨且不小于 6 m，剪刀撑角度 45°～60°			
		搭设高度超过 24 m 的脚手架，脚手架外侧全立面连续设置剪刀撑。剪刀撑角度为 45°～60°			
	连墙件	脚手架连墙件应从架体底部第一步开始搭设，距主节点距离不大于 300 mm，其布置符合方案要求			
4	杆件连接	布距、纵距、横距和立杆垂直度搭设误差符合规范要求；相邻杆件接口不得在同步、同跨内，对接口须错开不小于 500 mm。除顶层可以搭接外，其余接头必须采用对接			
		大横杆搭接长度不小于 1 m，等间距设置 3 个旋转扣件固定			
		纵、横水平杆根据脚手板的铺设方式与立杆正确连接			
		扣件紧固力矩控制在 40～65 N·m			

续表

序号	检查项目	检查内容与要求	实测、实量、实查		验收结果
			实查点	合格点	
5	脚手板与防护栏杆	施工层满铺脚手板，其材质符合要求			
		脚手板对接接头外伸长度130～150 mm，脚手板搭接接头长度大于200 mm，脚手板固定可靠			
		脚手架施工层搭设不低于1.2 m高的防护栏杆和180 mm的挡脚板，并用密目安全网防护			
6	材质	材质（钢管及扣件）有出厂质量合格证、扣件抽样报告			
		使用的钢管无裂纹、弯曲、压扁、锈蚀，扣件无裂缝、变形、螺栓滑丝			
		禁止钢木竹混搭			
7	架体安全防护	脚手架外立杆内侧满挂密目式安全网			
		施工层脚手架内立杆与建筑物之间用平网或其他措施防护，并符合方案要求			
8	通道	运料通道宽度不小于1.5 m，坡度小于1∶6；人行坡道宽度不小于1 m，坡度小于1∶3，并设防护栏杆和挡脚板			
		防滑条间距不超过250～300 mm			
9	落地卸料平台	卸料平台承重已经计算确定			
		卸料平台不得与脚手架连接，必须与建筑物拉结			
		已挂设平台限载标志牌			
		剪刀撑设置符合方案要求			
施工单位验收结论		结论：			
		检查日期：　　年　　月　　日　　项目技术负责人：　　　　项目经理：			
监理单位验收结论		结论：			
		验收日期：　　年　　月　　日　　专业监理工程师：　　　　总监理工程师：			

注：① 本表格一式三份，建设单位、监理单位、施工单位各留存一份。
②请参阅《建筑施工研柜式钢筋脚手架安全技术规范》（JGJ 166—2008）。

表 5.41 碗扣式脚手架验收表

工程名称						
施工单位			项目负责人			
工程部位			现场负责人			
执行标准及编号	《建筑施工碗扣式钢管脚手架安全技术规范》（JGJ 166—2008） 《建筑施工扣件式钢管脚手架安全技术规范》（JGJ 130—2011）					

验收部位		搭设高度		m	材质型号	

序号	检查项目	检查内容	方案或规范要求	实测、实量、实查		验收结果
				实查点	合格点	
1	施工方案	搭设单位资质、架子工特种上岗证，持证上岗				
		施工组织设计或专项施工方案审批手续完备（含需专家论证的）				
		施工组织设计或专项施工方案有荷载计算、最不利部位杆件强度验算、基础承载力验算、架体结构计算简图、变更设计文件				
		立杆、大横杆、小横杆间距符合设计和规范要求				
		扫地杆设置符合要求				
		是否对搭设、使用人员进行安全技术交底				
2	立杆基础	基础经验收合格，平整夯实与方案一致，有排水设施				
		立杆底部有底座、垫板且符合方案要求，放线准确				
		基础是否有不均匀沉降，立杆底座或垫板与基础接触面有无松动、悬空现象				
3	剪刀撑	剪刀撑是否按方案设置				
4	杆件连接	步距是否符合方案和规范要求				
		纵距是否符合方案和规范要求				
		横距是否符合方案和规范要求				
		立杆垂直度是否符合方案和规范要求				
		连墙件设置是否符合方案和规范要求				
		斜杆设置是否符合方案和规范要求				

续表

序号	检查项目	检查内容	方案或规范要求	实测、实量、实查		验收结果
				实查点	合格点	
4	杆件连接	上碗扣是否楔紧				
		立杆连接销是否安装				
		扣件拧紧力是否符合规范要求				
5	脚手板与防护栏杆	作业层满铺脚手板				
		作业层栏杆高度（1.2 m）、道数（上、下各一道）是否符合方案和规范要求				
6	通道	设有上下通道，坡度符合规范要求（1:3）				
		防滑条 250～300 mm、栏杆、踢足板符合要求				
7	安全防护	密目网铺设严密				
		水平网铺设严密符合方案设计要求				
8	材质	构配件产品使用说明、相关证明书				
		合格证、周转使用前的复验合格记录				
		可调底座底板厚度	6 mm			
		可调托撑钢板厚度	5 mm			
		钢管直径、壁厚	ϕ48×3.5			
		下碗扣壁厚	6 mm			
		密目网符合规范要求	A 类 2000 目、阻燃，≥3 kg			
		水平网符合规范要求	≥6 kg、阻燃			

施工单位验收结论	结论：
	检查日期：　　年　　月　　日　　　项目技术负责人：　　　　　项目经理：

监理单位验收结论	结论：
	验收日期：　　年　　月　　日　　　专业监理工程师：　　　　总监理工程师：

注：请参阅《建筑施工碗扣式钢管脚手架安全技术规范》（JGJ 166—2008）。

表 5.42　门式钢管脚手架验收表

工程名称					
施工单位			项目负责人		
分包单位			分包项目经理		
施工执行标准及编号		《建筑施工门式钢管脚手架安全技术规范》（JGJ128）			
验收部位		搭设高度	m	材质型号	外径 48 mm，厚 93.5 mm

序号	检查项目	检查内容与要求	实测、实量、实查		验收结果
			实查点	合格点	
1	施工方案	搭设单位应取得脚手架搭设资质，架子工持证上岗			
		有专项安全施工组织设计并经上级审批，针对性强，能指导施工			
		当施工荷载为 3.0～5.0 kN/m² 时，搭设高度应不大于 45 m；当施工荷载小于 3.0 kN/m² 时，搭设高度应不大于 60 m			
		有专项安全技术交底			
2	架体基础	基础应平整夯实符合设计要求			
		脚手架底部必须设置纵、横向扫地杆，设置位置应在距底座上皮不大于 200 mm 处的门架立杆上			
		立杆下端应设置固定底座或可调底座			
		当脚手架搭设在露面、挑台上时，立杆底座下应铺设垫板或浇筑混凝土，并对结构承载力进行验算			
		有良好排水措施且无积水			
3	架体稳定	门架必须采用连墙件与建筑物可靠连接，连墙件最大间距：搭设高度小于 45 m 时，竖向间距应不大于 6 m，水平间距应不大于 8 m；搭设高度大于 45 m 时，竖向间距应不大于 4 m，水平间距应不大于 6 m			
		当风压大于 0.55 kN/m 时，竖向间距应不大于 4 m，水平间距应不大于 6 m			
		脚手架高度大于 20 m 时，应在脚手架外侧连续设置剪刀撑，其宽度为 4～8 m，与地面夹角为 45°～60°，搭接长度应大于 600 mm，应采用 2 个扣件扣紧			
		门架外侧每隔 4 步设置一道水平加固杆，并应连续设置形成水平闭合圈，水平加固杆应采用扣件与门架立杆扣牢			
		上下榀门架的组装必须设置连续棒及锁臂，连续棒直径应小于立杆内径 1～2 mm			
		沿脚手架高度方向至少每两步设置一组水平架；当高度大于 45 m 时，应每步一设水平架。在设置层面内应连续设置，在脚手架转角、端部及间断处的一个跨距内应每步一设			
		整体垂直度应不超过 H/600 及 ±50 mm，整体水平度应不超过 ±L/600 及 ±50 mm			

续表

序号	检查项目	检查内容与要求	实测、实量、实查		验收结果
			实查点	合格点	
4	脚手板与防护栏杆	架体外立杆内侧应用密目式安全网封严			
		作业层应满铺挂扣式脚手板并扣紧挡板,防止脱落和松动			
		作业层外侧设置 1.2 m 和 0.6 m 双道防护栏杆以及 180 mm 高的挡脚板			
		门架立杆离墙面净距大于 150 mm 时,应采用内挑架板或其他安全防护设施			
5	材质	门架及其配件的规格、性能及质量应符合现行国家或行业标准,并具备出厂合格证明书			
		钢管应平直,严禁使用有硬伤及严重锈蚀的钢管			
		扣件应采用可锻铸铁制作的扣件,无裂纹、变形、滑丝,拧紧扭力矩宜为 50~60 N·m,并不得小于 40 N·m 且不大于 65 N·m			
6	荷载	作业层均分布荷载标准值不得超过 3.0 kN/m² (结构)和 2.0 kN/m² (装修)。脚手架上同时有 2 个或 2 个以上作业层作业时,在一个跨距内各作业层上的施工均布荷载标准值总和不得超 5.0 kN/m²			
7	通道	通道洞口高不宜超过 2 个门架,宽不宜大于 1 个门架跨距			
		通道洞口宽度为 1 个门架跨距时,应按要求采用加固措施;当大于 2 个跨距时,应经专门设计和制作托架			
		作业人员上下脚手架的斜梯应采用挂扣式钢梯,并采用"之"字形,一个梯段宜越 2 步或 3 步。钢梯应设栏杆扶手			

施工单位验收结论	结论:
	检查日期: 年 月 日　　项目技术负责人:　　　　项目经理:
监理单位验收结论	结论:
	验收日期: 年 月 日　　专业监理工程师:　　　　总监理工程师:

注:① 本表格一式三份,建设单位、监理单位、施工单位各留存一份。
②扣件拧紧力满足符合《建筑施工扣件式钢管脚手架安全技术规范》(JGJ 130—2011)要求。

表 5.43　承插型盘扣式钢管脚手架验收表（模板支架）

项目名称											
搭设部位			高度		跨度		最大荷载				
搭设班组					班组长						
操作人员持证人数					证书符合性						
专项方案编审程序符合性			技术交底情况				安全交底情况				
钢管扣件	进场前质量验收情况										
	材质、规格与方案的符合性										
	使用前质量检测情况										
	外观质量检查情况										

检查内容		允许偏差/mm	方案要求	实际质量情况						符合性
立杆垂直度≤L/500且±50 mm		±5								
水平杆水平度		±5								
立杆组合对角线长度		±6								
可调托座	垂直度	±5								
	插入立杆深度≥150 mm	−5								
可调底座	垂直度	±5								
	插入立杆深度≥150	−5								

续表

检查内容		允许偏差/mm	方案要求	实际质量情况	符合性
立杆	梁底纵、横向间距				
	板底纵、横向间距				
	竖向接长位置				
	基础承载力				
水平杆	纵、横向水平杆设置				
	梁底纵、横向步距				
	板底纵、横向步距				
	插销销紧情况				
竖向斜杆	最底层步距处设置情况				
	最顶层步距处设置情况				
	其他部位				
剪刀撑	垂直纵、横向设置				
	水平向				
扫地杆设置					
与已建结构物拉结设置					
其 他					
施工单位验收结论	结论：				
	检查日期： 年 月 日 项目技术负责人： 项目经理：				
监理单位验收结论	结论：				
	验收日期： 年 月 日 专业监理工程师： 总监理工程师：				

注：本表格一式三份，建设单位、监理单位、施工单位各留存一份。

表 5.44 承插型盘扣式钢管脚手架验收表（双排外架）

项目名称										
搭设部位			高度		跨度		最大荷载			
搭设班组						班组长				
操作人员持证人数						证书符合性				
专项方案编审程序符合性				技术交底情况				安全交底情况		
钢管扣件	进场前质量验收情况									
	材质、规格与方案的符合性									
	使用前质量检测情况									
	外观质量检查情况									
检查内容		允许偏差/mm	方案要求		实际质量情况					符合性
立杆垂直度≤$L/500$且±50 mm		±5								
水平杆水平度		±5								
立杆组合对角线长度		±6								
可调底座	垂直度	±5								
	插入立杆深度≥150 mm	−5								
立杆	纵向间距									
	横向间距									
	竖向接长位置									
	基础承载力									

续表

检查内容		允许偏差/mm	方案要求	实际质量情况	符合性
水平杆	纵、横向水平杆设置				
	纵向步距				
	横向步距				
	插销销紧情况				
竖向斜杆	拐角处设置情况				
	其他部位				
剪刀撑	垂直纵、横向设置				
连墙件设置					
扫地杆设置					
护栏设置					
脚手板设置					
挡脚板设置					
人行梯架设置					
其　　他					

施工单位验收结论	结论： 检查日期：　　年　月　日　项目技术负责人：　　　　项目经理：
监理单位验收结论	结论： 验收日期：　　年　月　日　专业监理工程师：　　　总监理工程师：

注：本表格一式三份，建设单位、监理单位、施工单位各留存一份。

表 5.45　满堂脚手架验收表

工程名称						
施工单位				项目负责人		
分包单位				分包项目经理		
验收部位		搭设高度	m	材质型号	外径___mm,厚____mm	

序号	检查项目	检查内容与要求	实测、实量、实查		验收结果
			实查点	合格点	
1	施工方案	搭设单位应取得脚手架搭设资质,架子工持证上岗			
		架体搭设前应编制专项施工方案,结构设计应进行计算,审批手续完备			
		满堂脚手架搭设高度不宜超过36 m,满堂脚手架施工层不得超过一层			
2	架体基础	架体基础应按方案要求平整、夯实,并应采取排水措施			
		架体底部应按要求设置垫板和底座,垫板规格应符合规范要求			
		纵、横扫地杆设置符合要求			
3	架体稳定	架体四周及内部纵、横向每隔6~8 m由底至顶设置连续竖向剪刀撑			
		架体搭设高度<8 m时,应在顶部设置连续水平剪刀撑;架体高度≥8 m时,应在架体底部、顶部及竖向间隔不超过8 m处分别设置连续水平剪刀撑,宽为6~8 m			
		架体高宽比不宜大于3;当高宽比大于2时,应在架体的外侧四周和内部水平间隔6~9 m、竖向间隔4~6 m处设置连墙件与建筑结构拉结			
4	架体锁件	架体立杆件间距、水平杆步距应符合要求			
		杆件的接长应符合规范要求			
		架体搭设应牢固,杆件节点应按要求紧固			
5	脚手板	作业层脚手板应满铺、铺稳、铺牢			
		挂扣式钢脚手板的挂扣应完全挂扣在水平杆上,挂钩处应处于锁住状态			
		脚手板材质规格应符合要求			
6	构配件材质	构配件的规格、型号、材质符合规范要求			
		杆件的弯曲、变形和锈蚀应在允许范围内			

续表

序号	检查项目	检查内容与要求	实测、实量、实查		验收结果
			实查点	合格点	
7	架体防护	作业层应按规范要求设置防护栏杆,外侧应设置高度不小于 180 mm 的挡脚板			
		作业层脚手板下应采用安全平网兜底,以下每隔 10 m 应采用安全平网封闭			
8	通道	架体应设置供人员上下的符合规范要求的专用通道			
9	荷载	架体上荷载应符合设计和规范要求,施工均布荷载、集中荷载应在设计允许范围内			
10	交底与验收	架体搭设前应进行安全技术交底,并做好记录			
		架体分段搭设、使用时,应进行分段验收			
		搭设完毕应办理验收手续,验收应有量化内容并经责任人签字确认			
施工单位 验收结论		结论: 检查日期: 年 月 日 项目技术负责人: 项目经理:			
监理单位 验收结论		结论: 验收日期: 年 月 日 专业监理工程师: 总监理工程师:			

注：① 本表格一式三份，建设单位、监理单位、施工单位各留存一份。
② 请参阅满堂脚手架《建筑施工扣件式钢管脚手架安全技术规范》(JGJ130)、《建筑施工门式钢管脚手架安全技术规范》(JGJ128)、《建筑施工碗扣式钢管脚手架安全技术规程》(JGJ166)、《建筑施工承插盘扣式钢管脚手架安全技术规程》(JGJ231)。

表 5.46　悬挑式脚手架验收表

工程名称							
施工单位				项目负责人			
分包单位				分包项目经理			
验收部位		搭设高度	m	钢管尺寸		挑梁规格	

序号	检查项目	检查内容与要求	实测、实量、实查		验收结果
			实查点	合格点	
1	施工方案	搭设单位应取得脚手架搭设资质，架子工持证上岗			
		架体搭设前应编制专项施工方案，结构设计应进行计算，审批手续完备			
		一次悬挑脚手架高度不宜超过 20 m；搭设高度超过 20 m 时，应对专项施工方案组织专家进行论证			
2	悬挑钢梁	钢梁截面尺寸应经设计计算确定，且截面形式应符合设计和规范要求			
		钢梁锚固端长度不应小于悬挑长度的 1.25 倍，锚固处结构强度、锚固措施应符合设计和规范要求			
		钢梁外端应设置钢丝绳或钢拉杆与上层建筑结构拉结			
		钢梁间距应按悬挑架体立杆纵距设置			
3	架体稳定	立杆底部应与钢梁连接柱固定			
		承插式立杆接长应采用螺栓或销钉固定			
		纵横向扫地杆的设置应符合规范要求			
		剪刀撑应沿悬挑架体高度连续设置，角度应为 45°～60°			
		架体应按规定设置横向斜撑			
		架体应采用刚性连墙件与建筑结构拉结，设置的位置、数量应符合设计和规范要求			
4	脚手板	脚手板铺设应严密、牢固，探出横向水平杆长度不应大于 150 mm			
		脚手板材质、规格应符合规范要求			
5	荷载	架体上荷载应均匀，并不应超过设计和规范要求			
6	构配件材质	型钢、钢管、构配件规格材质符合规范要求			
		型钢、钢管弯曲、变形、锈蚀应在规范允许范围内			

续表

序号	检查项目	检查内容与要求	实测、实量、实查		验收结果
			实查点	合格点	
7	架体防护	作业层应按规范要求设置防护栏杆,外侧应设置高度不小于 180 mm 的挡脚板			
		架体外侧应采用密目式安全网封闭,网间连接应严密			
8	层间防护	架体作业层脚手板下应采用安全平网兜底,以下每隔 10 m 应采用安全平网封闭			
		作业层里排架体与建筑物之间应采用脚手板或安全平网封闭			
		架体底层应进行封闭,沿建筑结构边缘在悬挑钢梁与悬挑钢梁之间应采取措施进行封闭			
9	杆件间距	立杆纵、横向间距以及纵向水平杆步距应符合设计和规范要求,作业层应按脚手板铺设的需要增加横向水平杆			
10	交底	架体搭设前应进行安全技术交底,并记录			

施工单位验收结论	结论: 检查日期: 年 月 日 项目技术负责人:	项目经理:
监理单位验收结论	结论: 验收日期: 年 月 日 专业监理工程师:	总监理工程师:

注: ① 本表格一式三份,建设单位、监理单位、施工单位各留存一份。
② 可参考悬挑式脚手架《建筑施工扣件式钢管脚手架安全技术规范》(JGJ130)、《建筑施工门式钢管脚手架安全技术规范》(JGJ128)、《建筑施工碗扣式钢管脚手架安全技术规程》(JGJ166)、《建筑施工承插盘扣式钢管脚手架安全技术规程》(JGJ231)。

表 5.47 附着式升降脚手架首次安装完毕（使用前）检查验收表

工程名称				结构形式	
建筑面积				机位布置情况	
总包单位				项目经理	
租赁单位				项目经理	
安拆单位				项目经理	
序号	检查项目		检查标准		检查结果
1		竖向主框架	各杆件的轴线应汇交于节点处，并应采用螺栓或焊接连接；如不汇交于一点，应进行附加弯矩验算		
2			各节点应焊接或螺栓连接		
3			相邻竖向主框架的高差≤30 mm		
4		水平桁架	桁架上、下弦应采用整根通长杆件或设置刚性接头；腹杆上、下弦连接应采用焊接或螺栓连接		
5			桁架各杆件的轴线应相交于节点上，并宜用节点板构造连接，节点板的厚度不得小于 6 mm		
6		架体构造	空间几何不可变体系的稳定结构		
7	保证项目	立杆支承位置	架体构架的立杆底端应放置在上弦节点各轴线的交汇处		
9		立杆横距	应符合现行行业标准《建筑施工扣件式钢管脚手架安全技术规范》（JGJ130—2011）中≤1.2 m 的要求		
10		剪刀撑设置	沿外侧全立面连续设置剪刀撑，水平夹角应满足 45°～60°		
11		脚手板设置	架体底部铺设严密，与墙体无间隙，操作层脚手板应铺满、铺牢、孔洞直径小于 25 mm		
12		扣件拧紧力矩	40～65 N·m		
13		附墙支座	每个竖向主框架所覆盖的每一楼层处应设置一道附墙支座		
14			使用工况下，应将竖向主框架固定于附墙支座上		
15			升降工况下，附墙支座上应设有防锈、导向的结构装置		
16			附墙支座应采用锚固螺栓与建筑物连接，受拉螺栓的螺母不得少于两个或采用单螺母加弹簧垫圈		
17			附墙支座支承在建筑物上，其连接处混凝土的强度应按设计要求确定，且不得小于 C10		
18		架体构造尺寸	架高≤5 倍层高		
19			架宽≤1.2 m		
20			架体全高×支承跨度≤110 m²		
21			支承跨度直线形，≤7 m		

续表

序号	检查项目		检查标准	检查结果
22	保证项目		支承跨度为折线或曲线形架体,相邻两主框架支撑点处的架体外侧距离≤5.4 m	
23			水平悬挑长度不大于2 m,且不大于跨度的1/2	
24			升降工况下,上端悬臂高度不大于2/5架体高度且不大于6 m	
25			水平悬挑端以竖向主框架为中心对称,斜拉杆水平夹角≥45°	
26		防坠落装置	防坠落装置应设置在竖向主框架处并附着在建筑结构上	
27			每一升降点不得少于一个,在使用和升降工况下都能起作用	
28			防坠落装置与升降设备应分别独立固定在建筑结构上	
29			应具有防尘防污染的措施,并应灵敏可靠和运转自如	
30			钢吊杆式防坠落装置,钢吊杆规格应由计算确定,且不应小于φ25 mm	
31			防倾覆装置中应包括导轨和两个以上与导轨连接的可滑动的导向座	
32		防倾覆装置情况	在防倾导向性的范围内应设置防倾覆导轨,且应与竖向主框架可靠连接	
33			在升降和使用工况下,最上和最下两个导向件之间的最小间距不得小于2.5 m或架体高度的1/4	
34			应具有防止竖向主框架倾斜的功能	
35			应用螺栓与附墙支座连接,其装置与导轨之间的间隙应小于5 mm	
36		同步装置设置情况	连续式水平支承桁架,应采用限制荷载自控系统	
37			简支静定水平支承桁架,应采用水平高差同步自控系统;若设备受限,可选择限制荷载自控系统	
38	一般项目	防护设施	密目式安全立网规格型号≥2 000目/100 cm²,≥3 kg/张	
39			防护栏杆高度为1.2 m	
40			挡脚板高度为180 mm	
41			架体底层脚手板铺设严密,与墙体无间隙	

检查结论				
检查人签字	总包单位	分包单位	租赁单位	安拆单位

符合要求,同意使用( )

不符合要求,不同意使用( )

总监理工程师(签字): 年 月 日

注:① 本表由施工单位填报,监理单位、施工单位、租赁单位、安拆单位各一份。

② 可参阅《建筑施工工具式脚手架安全技术规范》(JGJ 202—2010)。

表 5.48　附着式升降脚手架提升、下降前检查验收表

工程名称			结构形式	
建筑面积			机位布置情况	
总包单位			项目经理	
租赁单位			负责人	
安拆单位			负责人	

序号	检查项目		检查标准	检查结果
1	保证项目	支承结构与工程结构连接处混凝土强度	达到专项方案计算值，且≥C10	
2		附墙支座设置情况	每个竖向主框架所覆盖的每一楼层处应设置一道附墙支座	
3			附墙支座上应设有完整的防坠、防倾、导向装置	
4		升降装置设置情况	单跨升降式可采用手动葫芦，整体升降式应采用电动葫芦或液压设备；应启动灵敏，运转可靠，旋转方向正确，控制柜工作正常，功能齐备	
5		防坠落装置	防坠落装置应设置在竖向主框架处并附着在建筑结构上	
6			每一升降点不得少于一个，在使用和升降工况下都能起作用	
7			防坠落装置与升降设备应分别独立固定在建筑结构上	
8			应具有防尘防污染的措施，并应灵敏可靠和运转自如	
9			钢吊杆式防坠落装置，钢吊杆规格应由计算确定，且不应小于 φ25 mm	
10			设置方法及部位正确，灵敏可靠，不应人为失效和减少	
11		防倾覆装置情况	防倾覆装置中应包括导轨和两个以上与导轨连接的可滑动的导向性	
12			在防倾导向件的范围内应设置防倾覆导轨，且应与竖向主框架可靠连接	
13			在升降和使用两种工况下，最上和最下两个导向座之间的最小间距不得小于 2.8 m 或架体高度的 1/4	
14		建筑物的障碍物清理情况	无障碍物阻碍外架的正常滑升	
15		架体构架上的连墙杆	应全部拆除	
16		塔吊或施工电梯附墙装置	符合专项施工方案的规定	
17		专项施工方案	符合专项施工方案的规定	
18	一般项目	操作人员	经过安全技术交底并持证上岗	
19		运行指挥人员，通讯设备	人员已到位，设备工作正常	
20		监督检查人员	总包单位和监理单位人员已到场	
21		电缆线路，开关箱	符合现行行业标准《施工现场临时用电安全技术规范》（JGJ46）中的对线路负荷计算的要求，并设置专用的开关箱	

检查结论				
检查人签字	总包单位	分包单位	租赁单位	安拆单位

符合要求，同意使用（　　　）

不符合要求，不同意使用（　　　）

总监理工程师（签字）：　　　　　　　　　　　　　　　　　　　年　月　日

　　注：本表由施工单位填报，监理单位、施工单位、租赁单位、安拆单位各一份。

表 5.49　成都市建筑施工整体提升脚手架登记表

工程名称						
工程地址						
施工单位						
监理单位						
监理单位		联系电话		经办人		联系电话
提升架安装时间		提升架验收			提升拆除时间	
提升架安装单位						
提升架安装单位资质				提升架提升总高度		
提升架机位总数				提升结构生产厂家及品牌		

施工单位意见：

技术负责人（签字）：　　　　　　　　　　　　　　　年　　月　　日（单位盖章）

监理单位意见：

总监理工程师（签字）：　　　　　　　　　　　　　年　　月　　日（单位盖章）

管理部门意见：

经办人：　　　　审核：　　　　　　　　　　　年　　月　　日（单位盖章）

备注：

4. 脚手架检查

脚手架使用中，应依据《建筑施工扣件式钢管脚手架安全技术规范》（JGJ 130—2011）、施工组织设计、专项方案及变更文件定期检查下列项目：

（1）杆件的设置和连接以及连墙件、支撑、门洞桁架等的构造是否符合要求；

（2）地基是否积水，底座是否松动，立杆是否悬空；

（3）扣件螺栓是否松动；

（4）高度在 24 m 以上的脚手架，其立杆的沉降与垂直度的偏差是否符合规范规定；

（5）安全防护措施是否符合要求；

（6）是否超载。

检查用表参阅 JGJ59—2011。

5. 脚手架拆除

脚手架拆除应按专项方案施工，拆除前应检查脚手架的扣件连接、连墙件、支撑体系是否符合构造要求，根据检查结果补充完善脚手架方案，拆除前对工人进行交底等。并填写脚手架拆除申请表，参考表 5.50。

表 5.50　脚手架拆除（包括拆除主要构件）申请表

编号：

单位名称		工程名称		需拆除杆件或其他部件名称	
注： 1. 施工现场中凡是需要拆除整体脚手架的，必须由分管负责人（工长）提出申请，经项目部主管生产的负责人（责任工长）审批同意后，方可拆除。 2. 施工过程中，凡是需要拆除脚手架的受力杆件在脚手架中开门洞、拆除脚手架拉结时，由具体施工班组长提出申请，经该项目施工负责人核查，确定拆除的范围和数量，并采取切实可行的加固措施后，由项目部技术、安全部门派人共同检查验收，合格后，再安排架子工班组进行拆除。 3. 拆除时，必须由上而下逐层进行，严禁上下同时作业；连墙件必须逐层拆除，严禁将连墙件整层拆除或数层拆除后再拆脚手架。分段拆除高差大于 2 步时，应增设连墙件加固。		架体形式		架体材质		拆除时间	
		拆除原因： 申请人：			
		加固补救措施： 施工负责人：			
		拆除班组		措施落实人	
		审批意见： 项目部审批负责人：　　　年　月　日			

四、临时用电安全行为资料

根据《建设工程安全生产管理条例》第二十六条、《施工现场临时用电安全技术规范》（JGJ46—2005）规定：施工单位应当编制施工现场临时用电方案。在施工现场建立健全临时用电技术档案，用电安全技术档案由现场电气技术人员负责建立与管理。可指定电工代管，每周由项目经理审核，及时归档。

其内容包括：

（1）用电组织设计的全部资料。

施工现场临时用电设备在5台及以上或设备总容量在50 kW及以上者，应编制用电组织设计，并履行编制、审核、审批程序，填写表格。

（2）修改用电组织设计的资料

临时用电组织设计变更时，必须履行"编制、审批、批准"程序。由电气工程技术人员组织编制，经相关部门审批及具有法人资格企业的技术负责人批准后实施。变更用电组织设计时应补充有关图纸资料。

（3）用电技术交底资料。

施工现场应对用电人员进行安全技术交底，并填写表格。

（4）用电工程检查验收表。

临时用电工程必须经编制、审核、批准部门和使用单位共同验收，合格后方可投入使用（参考表5.51）。

（5）电气设备的试、检验凭单和调试记录（参考表5.52）。

（6）接地电阻、绝缘电阻和漏电保护器漏电动作参数测定记录表（参考表5.53、5.54）。

（7）定期检（复）查表（参考表5.55）。

（8）电工安装、巡检、维修、拆除工作记录（参考表5.56～5.58）。

表 5.51　施工现场临时用电验收表

工程名称		施工单位		项目负责人	
进线截面		用电容量		保护方式	
施工执行标准及编号					

序号	检查项目	检查内容与要求	实测实量实查	验收结果
1	施工方案	用电设备5台以上(含5台)或总容量50 kW以上(含50 kW)的，应编制有临时用电施工组织设计并经审批		
		用电设备5台以下或总容量50 kW以下的，应编制有安全用电技术措施并经审批		
		用电施工组织设计或用电技术措施针对性强，能指导施工		
		有专项安全技术交底		
2	外电防护	小于安全距离时，防护措施应符合要求，封闭严密		
3	线路架设	电源中性点直接接地的220 V/380 V三相四线制低压电力系统采用TN-S系统，工作接地电阻不大于4Ω，重复接地电阻不大于10Ω。采用保护零线的截面不小于工作零线的截面与电气设备相连接的保护零线应为截面不小于2.5mm 的绝缘多股铜线，且为绿/黄双色线。保护零线与工作零线不混接		
		按施工平面设计布置，按规定架空敷设，架空线路最大弧垂与施工现场地面最小垂直距离4 m。禁止与金属物(脚手架)直接缠绕，无拖地现象，电缆采用五芯电缆，埋地符合要求		
		线杆、横担设置牢固，线间用绝缘隔开，禁止使用金属裸线做绑线。线径合理，无破皮、老化		
4	配电开关箱	采用三级配电两级漏电保护，末级开关箱有漏电保护，且漏电保护参数匹配，实行"一机、一闸、一漏、一箱"		
		开关箱、锁、防雨、安全标志、编号、责任人齐全，安装位置恰当、整齐，方便操作，周围无杂物		
		箱内电器设施完整、有效，参数与设备匹配，配电布置合理，并有标记		
		箱体采用金属箱，底板采用绝缘板或金属板		
		保险丝参数适当，严禁用铜(铁)线代替		
5	现场照明	照明与动力线路分开，有专用回路，有漏电保护措施		
		灯具金属外壳做接零保护，室内线路及灯具安装高度大于2.4 m，低于2.4 m采用安全电压供电		
		特殊场所应使用安全电压，潮湿作业使用24 V以下安全电压		
6	用电管理	有专项临时用电施工组织设计，内容齐全；有施工用电定期检查及电工巡视检查，且有维修、检查记录		
		有接地、防雷接地电阻测试纪录，参数符合要求		
7	设备	用电设备完好，线路、开关等和接地接零均符合安全技术要求		

验收结论：

　　　　　　　　　　　　　　　　　　　　　　　　　年　　　月　　　日

验收人签名	总包单位	分包单位	

监理单位意见：

　　　　　　　　　　　　　　　专业监理工程师：　　　　　　年　　　月　　　日

表 5.52　电气设备试、检验凭单和调试记录表

序号	名　称	检验、调试记录	允许值	结　论
1	总配电箱	对总配电箱进行电阻测试，测试结果为：　　　Ω	4 Ω	
2	塔吊分配箱	对塔吊分配箱进行电阻测试，测试结果为：　　Ω	10 Ω	
3	人货梯分配箱	分配箱进行电阻测试，测试结果为：　　　Ω	10 Ω	
4	分配箱 1	对分配箱 1 进行电阻测试，测试结果为：　　Ω	10 Ω	
5	分配箱 2	对分配箱 2 进行电阻测试，测试结果为：　　Ω	10 Ω	
6	楼层总分配箱	对楼层总分配箱进行电阻测试，测试结果为：　Ω	10 Ω	

检验人员：

日　期：

表 5.53　接地电阻测验记录

单位名称				仪表型号	
工程名称				测验日期	
接地电阻/Ω					
接地名称					
接地类型	规定电阻值/Ω		实测电阻值/Ω	测定结果	备注

测验负责人：　　　　　　　检测人员：　　　　　　　安全员：

表 5.54　移动手持电动工具定期绝缘电阻测验记录表

编号：

单位工程名称		工作电压	220～380 V	评定 结论	
工程名称		仪表型号			

绝缘电阻/MΩ												问题及处理意见
设备名称												
回路编号	阻值	阻值	阻值	阻值	阻值	阻值	阻值	阻值	阻值	阻值	阻值	
相　别												
A　B												
B　C												
C　A												
A　O												
B　O												
C　O												
A　地												
B　地												
C　地												
检验结果												
上次检验日期												

检验负责人：　　　　　检测人：　　　　　安全员：　　　　　年　月　日

注：施工现场运动电具及手持电动工具应每半年测试一次。测试合格后贴上标签，方可使用。

表 5.55　施工现场临时用电工程定期检（复）查表

检查单位			检查日期	年 月 日
序号	检查项目	检查内容及隐患类型	实测实量实查	检查结果
1	外电防护	① 小于安全距离又无防护措施（包括局面措施及现场措施）； ② 防护措施不符合要求、封闭不严密； ③ 无警示标志，在高压线下搭临舍、堆料、施工等		
2	接地与接零保护系统	① 工作接地与重复接地不符合要求，未采用 TN-S 系统（或 TN-C-S 系统即局部三相五线系统）； ② 专用保护零线设置不符合要求，无零线接线端子板（按 JGJ46—2005 规范第 5 章相关要求）； ③ 保护零线与工作零线混接（在总漏保后必须严格分开）		
3	配电箱开关箱	① 不符合"三级配电两级保护"要求； ② 漏电保护装置参数不匹配（总漏保 $I\Delta n > 30\,\text{mA}$、$t > 0.1\,\text{s}$、且 $I\Delta n \cdot t \leqslant 30\,\text{mA}\cdot S$、末级漏保 $I\Delta n \leqslant 30\,\text{mA}$、$t \leqslant 0.1\,\text{s}$）电箱每回路无隔离开关，违反"一机、一闸、一漏、一箱" ③ 安装位置不当、周围杂物多等不便操作； ④ 闸具损坏，闸具不符合要求； ⑤ 配电箱内多路配电无标记； ⑥ 电箱下引出线混乱； ⑦ 电箱无门、无锁、无防雨措施，箱内有杂物		
4	现场照明	① 照明专用回路无漏电保护； ② 灯具金属外壳未作接零保护； ③ 室内线路及灯具安装高度低于 2.5 m 而未使用安全电压供电； ④ 室内线路及灯具未用绝缘子固定或穿墙无保护管； ⑤ 室外照明线路未用护套线或电缆线； ⑥ 潮湿作业未使用 24 V 及以下安全电压； ⑦ 使用 36 V 安全电压照明线路混乱和接头处未用绝缘包扎； ⑧ 手持照明灯未使用 36 V 及以下电源供电		
5	配电线路	① 电线老化、破皮而未包扎； ② 线路过道无保护（穿钢管、埋入地下 0.7 m 以下），电杆、横担不符合要求（按 JGJ46—2005 第 7.1 节要求）； ③ 架空线路不符合要求（按 JGJ46—2005 第 7.1 节要求）； ④ 未使用五芯线（电缆）（配电干线及需要五芯线的回路）； ⑤ 使用四芯电缆外加一根替代五芯电缆； ⑥ 电缆架设或埋设不符合要求（按 JGJ46—2005 第 7.2 节要求）		
6	电器装置	闸具、熔断器、漏电保护器参数与设备容量不匹配，安装不符合要求		
7	变配电装置	不符合安全规定（按 JGJ46—2005 第 6 章要求）		
8	用电档案	① 无专项用电组织设计（按 JGJ46—2005 第 3.1 节要求）； ② 用电组织设计内容不全、无针对性或审批手续不全； ③ 无接地电阻或绝缘电阻摇测记录； ④ 无电工巡检维修记录或填写不真实（应每天一次）； ⑤ 档案乱、无专人管理、内容不全（应 8 项内容）		
9	其他	① 未复查接地电阻和绝缘电阻值； ② 其他电气安全隐患		
检查结论				
检查负责人			被检查负责人	

注：定期检查施工现场每月一次，留存记录。

表 5.56　电工日常巡视维修工作记录

单位名称				班组名称	
工程名称				编　　号	
维修内容					
序号	维修项目及部位	设备名称	维修人	验收人	维修日期

表 5.57　施工现场电气设备检查记录表

工程名称：　　　　　　　　　　　　　　　　　　　检查日期：　　年　月　日（星期　）天气：（　）

项目 设备名称	电机数据			绝缘电阻		接地（零）线		漏电开关		可靠性		外绝缘层检查
	功率 /kW	相数 /相	电压 /V	绕组对壳 /MΩ	相间 /MΩ	接地（零）线 电阻/Ω	截面积 /mm²	动作电流 /mA	动作时间 /s	上午	下午	

安全负责人签名：　　　　　　　　　　检查电工签名：

兆欧表型号：　　　　　　电压：　　　　V　　　　　年　月　日

表 5.58 配电箱每旬专项检查记录表

工程名称：

检查日期：

年 月 日（星期 ） 天气：（ ）

配电箱名称及编号	配置位置	防水性能	进、出电缆	箱内接线	PE线	刀闸开关	保险丝	漏电开关	电源插座	门锁	备注

机电工长（每周）签名：

检查电工签名：

备注：

五、设备与设施安全管理资料

1. 起重运输机械

施工现场使用的起重机械（塔机、施工电梯、龙门架及井架等）的备案、租赁、安装、拆卸、使用应根据《建筑起重机械安全监督管理规定》（建设部令第 166 号）、《建筑起重机械备案登记办法》的通知（建质〔2008〕76 号）的规定签订合同、安全协议书，编制专项施工方案，并按规定进行报审。起重设备安拆前的 2 个工作日内应将《建筑起重机械安（拆）资料审核表》告知安全监督机构，施工现场应留存安拆审核表上的 9 项资料。建筑起重机械安装完毕，使用单位应当组织出租、安装、监理有关单位进行验收，或委托具有相应资质的检验检测机构进行验收（现场留存验收资料）。使用单位应当自建筑起重机械安装验收合格之日起 30 日内，向工程所在地建设行政主管部门办理使用登记证，在施工现场留存以下资料：

① 购置设备的生产许可证和产品合格证。

② 施工单位设备管理档案台账，包括设备数量统计表、设备管理人员名册、设备库房情况统计表以及设备利用情况统计表。

③ 设备供需方各自安全生产管理职责。

④ 安拆单位的资质证明材料。

⑤ 特种设备的检测合格证明。

⑥ 机械设备验收结果：对建筑起重机械和整体提升脚手架、模板等自升式架设设施的验收记录以及建筑起重机械检测机构提供的检测结果、工程所在地建设行政主管部门办理使用登记证。

（1）建筑施工塔式起重机

建筑施工现场使用的塔式起重机应按照《建筑施工塔式起重安装、使用、拆卸安全技术规程》（JGJ196—2010）操作，其使用年限遵守以下规定：

① 公称起重力矩 630 kN·m 及以下（630 kN·m）级别的塔式起重机，需要进行安全性鉴定的年限不得超过 8 年，使用年限 10 年。

② 公称起重力矩 630～2 500 kN·m（含 2 500 kN·m）级别的塔式起重机，需要进行安全性鉴定的年限不得超过 12 年，使用年限 18 年。

③ 公称起重力矩 1 250～1 250 kN·m（含 1 250 kN·m）级别的塔式起重机，需要进行安全性鉴定的年限不得超过 10 年，使用年限 15 年。

④ 公称起重力矩大于 2 500 kN·m 级别的塔式起重机，需要进行安全性鉴定的年限不得超过 14 年，使用年限 20 年。具体参照四川省工程建设地方标准《建筑施工塔式起重机及施工升降机报废标准》(DBJ51/T026—2014)。

内业资料除应具备以上资料外，还应保留塔吊基础钢筋以及塔吊基础的验收单。塔式起重机安装完毕，施工单位应保留塔式起重机的验收记录以及塔式起重机顶升检验记录（参考表 5.59～表 5.62）。如遇施工现场有多台塔吊时，施工单位应制定多台塔吊防碰撞措施。

表 5.59 隐蔽工程检查验收记录

工程名称 :

隐蔽部位	塔吊基础	图号	
隐蔽日期	年 月 日	施工单位	

隐蔽检查内容	1. 钢筋有质量证明书,复试合格,复试报告合格编号___。钢筋无腐蚀、无污染,已清理干净。 2. 基础验槽记录,垫层厚度____。钢筋双层双向间距____φ @____。 3. 基础上下层钢筋保护层__,采用混凝土块垫块,上下层钢筋采用马镫支撑间距___。 4. 每个相交点用绑扎丝八字扣绑扎,丝头朝向混凝土内部。 5. 混凝土强度报告(安拆前)、地耐力报告。 经检查,上述项目均符合设计要求和《混凝土结构工程施工质量验收规范》规定。

监理(建设)单位验收结论	监理工程师: (建设单位项目技术负责人) 年 月 日		材料试验情况	名 称	出场合格证编 号	复试单号

施工单位项目技术负责人:　　　　　　质量检查员:　　　　　施工员:

表 5.60　塔式起重机安装自检表

设备型号		设备编号	
设备生产厂		出厂日期	
工程名称		安装单位	
工程地址		安装日期	

资料检查项				
序号	检查项目	要求	结果	备注
1	隐蔽工程验收单和混凝土强度报告			
2	安装方案、安全交底记录			
3	塔式起重机转场保养作业单或新购设备的进场验收单			

基础检查				
序号	检查项目	要求	结果	备注
1	地基允许承载能力（kN/m^2）	—	—	
2	基坑围护形式	—	—	
3	塔式起重机距基坑边距离	—	—	
4	基础下是否有管线、障碍物或不良物质	—	—	
5	排水措施（有、无）	—	—	
6	基础位置、标高及平整度			
7	塔式起重机底架的水平度			
8	行走式塔式起重机导轨的水平度			
9	塔式起重机接地装置的设备	—	—	
10	其他	—	—	

续表

			机械检查项		
名称	序号	检查项目	要求	结果	备注
标识与环境	1	等级编号牌和产品标牌	齐全		
标识与环境	2*	塔式起重机与周围环境关系	尾部与建筑物及施工设施之间的距离不小于 0.6 m		
标识与环境	2*	塔式起重机与周围环境关系	两台塔式起重机之间的最小架设距离应保证处于低位塔式起重机的起重臂端部与另一塔式起重机的塔身之间至少有 2 m 的距离；处于高位塔式起重机的最低位置的部件与低位塔式起重机中处于最高位置部件之间的垂直距离不应小于 2 m		
标识与环境	2*	塔式起重机与周围环境关系	与输电线的距离应不小于《塔式起重机安全规程》（GB5144）的规定		
金属结构	3*	主要结构件	无可见裂纹和明显变形		
金属结构	4	主要连接螺栓	齐全，规格和预紧力达到使用说明书要求		
金属结构	5	主要连接销轴	销轴符合出厂要求，连接可靠		
金属结构	6	过道、平台、栏杆、踏板	符合《塔式起重机安全规程》（GB5144）的规定		
金属结构	7	梯子、护圈、休息平台	符合《塔式起重机安全规程》（GB5144）的规定		
金属结构	8	附着装置	设置位置和附着距离符合方案规定，结构形式正确，附墙与建筑物连接牢固[注]		
金属结构	9	附着杆	无明显变形，焊缝无裂纹		
金属结构	10	在空载，风速不大于 3 m/s 状态下　独立状态下塔身（或附着状态下最高附着点以上塔身）	独立轴心线对支承面的垂直度≤4/1 000		
金属结构	11	在空载，风速不大于 3 m/s 状态下　附着状态下最高附着点以下塔身	塔身轴心线对支承面的垂直度≤2/1000		
金属结构	12	内爬式塔式起重机的爬升框与支承钢梁、支承钢梁与建筑结构之间的连接	连接可靠		
爬升与回转	13*	平衡阀或液压锁与油缸间连接	应设平衡阀或液压锁，且与油缸用硬管连接		
爬升与回转	14	爬升装置防脱功能	自升式塔式起重机在正常加节、降节作业时，应具有可靠地防止爬升装置在塔身支承中或油缸端头从其连接结构中自行（非人为操作）脱出的功能		
爬升与回转	15	回转限位器	对回转处不设集电器供电的塔式起重机，应设置正反两个方向回转限位开关，开关动作时臂架旋转角度应不超过±540°		

注：禁止擅自在建筑起重机械上安装非原制作厂制造的标准节和附着装置。参阅《建筑起重机械安全监督管理办法》（住建部第 106 号令）。

续表

名称	序号	检查项目	要求	结果	备注
起升系统	16*	起重力矩限制器	灵敏可靠，限制值＜额定载荷 110%，显示误差≤±5%		
	17*	起升高度限位	对动臂变幅和小车变幅的塔式起重机，当吊钩装置顶部升至起重臂下端的最小距离为 800 mm 处时，应能立即停止起升运动		
	18	起重量限制器	灵敏可靠，限制值＜额定载荷 110%，显示误差≤±5%		
变幅系统	19	小车断绳保护装置	双向均应设置		
	20	小车断轴保护装置	应设置		
	21	小车变幅检修挂篮	连接可靠		
	22*	小车变幅限位和终端止挡装置	对小车变幅的塔机，应设置小车行程限位开关和终端缓冲装置。限位开关反动作后应保证小车停车时其端部距缓冲装置最小距离为 200 mm		
	23*	动臂式变幅限位和防臂架后翻装置	动臂变幅有最大和最小幅度限位器，限制范围符合使用说明书要求；防止臂架反弹后翻的装置牢固可靠		
机构及零部件	24	吊钩	钩体无裂纹、磨损、补焊，无危险截面，钩筋无塑性变形		
	25	吊钩防钢丝脱钩装置	应完整可靠		
	26	滑轮	滑轮应转动良好，出现下列情况应报废：①裂纹或轮缘破损；②滑轮绳槽壁厚磨损量达原壁厚的 20%；③滑轮槽底的磨损量超过相应钢丝绳直径的 25%		
	27	滑轮上的钢丝绳防脱装置	应完整、可靠，该装置与滑轮最外缘的间隙不应超过钢丝绳直径的 20%		
	28	卷筒	卷筒壁不应有裂纹，筒壁磨损量不应大于原壁厚的 10%；多层缠绕的卷筒，端部应有比最外层钢丝绳高出 2 倍钢丝绳直径的凸缘		
	29	卷筒上的钢丝绳防脱装置	卷筒上钢丝绳应排列有序，设有防钢丝绳脱槽装置。该装置于卷筒最外缘的间隙不应超过钢丝绳直接的 20%		
	30	钢丝绳完好度	见钢丝绳检查项		
	31	钢丝绳端部固定	符合使用说明书规定		
	32	钢丝绳穿绕方式、润滑与干涉	穿绕正确、润滑良好，无干涉		
	33	制动器	起升、回转、变幅、行走机构都应配备制动器。制动器不应有裂纹、过度磨损，调整适宜，制动平稳可靠		
	34	传动装置	固定牢固，运行平稳		
	35	有可能伤人的活动零部件外露部分	防护罩齐全		

名称	序号	检查项目	要求	结果	备注
电气机保护	36*	紧急断电开关	非自动复位，有效且便于司机操作		
	37*	绝缘电阻	主电路和控制电路的对地绝缘电阻不应小于 0.5 MΩ		
	38	接地电阻	接地的系统应便于复核检查，接地电阻不大于 10 Ω		
	39	塔式起重机专用开关箱	单独设置并有警示标志		
	40	声响信号器	完好		
	41	保护零线	不得作为载流回路		
	42	电源电缆与电缆保护	无破损、老化。与金属接触处有绝缘材料隔离，移动电缆有电缆卷筒或其他防止磨损措施		
	43	障碍指示灯	塔顶高度大于 30 m 且高于周围建筑物时应安装障碍指示灯。该指示灯的供电不应受停机的影响		
轨道	44	行走轨道端部止挡装置与缓冲	应设置		
	45*	行走限位装置	制停后距止挡装置≥1 m		
	46	防风夹轨器	应设置，有效		
	47	排障清轨板	清轨板与轨道之间的间隙不应大于 5 mm		
	48	钢轨接头位置及误差	支承在道木或路基箱上时，两侧错开≥1.5 m，间隙≤4 mm，高差≤2 mm		
	49	轨距误差及轨距拉杆设置	<1/100 且最大应小于 6 mm，相邻两根间距≤6 m		
司机室	50	性能标牌（显示屏）	齐全，清晰		
	51	门窗和灭火器、雨刷等附属设施	齐全，有效		
	52*	可升降司机室或乘人升降机	按《施工升降机》（GB/T10054）和《施工升降机安全规程》（GB10055）检查		
其他	53	平衡重、压重	安装准确，牢固可靠		
	54	风速仪	臂架根部铰点高于 50 m 时应设置		

钢丝绳检查项					
序号	检验项目	报废标准	实测	结果	备注
1	钢丝绳磨损量	钢丝绳实测直径相对于公称直径减小 7% 或更多时			
2	常用规格钢丝绳规定长度内达到报废标准的断丝数	钢制滑轮上工作的圆股丝绳、抗扭钢丝绳中断丝根数的控制标准参照《起重机用钢丝绳检验和报废实用规范》（GB/T5972）			
3	钢丝绳的变形	出现波浪形时，在钢丝绳长度不超过 25d 的范围内，若波形幅度值达到 4d/3 或以上，则钢丝绳应报废			
		笼状畸变、绳股挤出或钢丝挤出变形严重的钢丝绳应报废			
		钢丝绳出现严重变形的应报废			
		钢丝绳出现严重的扭结、压扁和弯折现象应报废			
		绳径局部严重增大或减小均应报废			
4	其他情况描述				
检查结果	保证项目不合格项数		一般项目不合格项数		
	资料		结论		
检查人			检查日期	年　　月　　日	

注：
① 表中序号打 * 的为保证项目，其他为一般项目。
② 表中打"－"的表示该处不必填写，而只需在相应"备注"中说明即可。
③ 对于不符合要求的项目，应在备注栏具体说明；对于要求量化的参数，应按规定量化在备注栏内。
④ 表中 d 表示钢丝绳公称直径。
⑤ 钢丝绳磨损量＝［（公称直径－实测直径）/公称直径］×100%。

表 5.61 塔式起重机安装验收记录表

工程名称								
塔式起重机	型号		设备编号		起升高度			m
	幅度	m	起重力矩	kN·m	最大起重量	t	塔高	m
与建筑物水平附着距离		m	各道附着间距		m	附着道数		

验收部位	验收要求	结果
塔式起重机结构	部件、附件、连接件安装齐全，位置正确	
	螺栓拧紧力矩达到技术要求，开口销完全撬开	
	结构无变形、开焊、疲劳裂纹	
	压重、配重的重量与位置符合使用说明书要求	
基础与轨道	地基坚实、平整，地基或基础隐蔽工程资料齐全、准确	
	基础周围有排水措施	
	路基箱或枕木铺设符合要求，夹板、道钉使用正确	
	钢轨顶面纵、横方向上的倾斜度不大于 1/1 000	
	塔式起重机底架平整度符合使用说明书要求	
	止挡装置距钢轨两端 ≥1 m	
	行走限位装置距止挡装置距离 ≥1 m	
	轨接头间距不大于 4 mm，接头高低差不大于 2 mm	
机构及零部件	钢丝绳在卷筒上面缠绕整齐、润滑良好	
	钢丝绳规格正确，断丝和磨损未达到报废标准	
	钢丝绳固定和编插符合国家及行业标准	
	各部位滑轮转动灵活、可靠，无卡塞现象	
	吊钩磨损未达到报废标准，保险装置可靠	
	各机构转动平稳、无异常声响	
	各润滑点润滑良好，润滑油牌号正确	
	制动器动作灵活可靠，联轴节连接良好，无异常	
附着固定	锚固框架安装位置符合规定要求	
	塔身与锚固框架固定牢靠	
	附着框、锚杆附着装置等各处螺栓、销轴齐全、正确、可靠	
	垫块、楔块等零件齐全可靠	
	最高附着点下塔身轴线对支承面垂直度不得大于相应高度的 2/1 000	
	独立状态或附着状态下最高附着点以上塔身轴线支承面垂直度不得大于 4/1 000	
	附着点以上塔式起重机悬臂高度不得大于规定值	

续表

验收部位	验收要求	结　果
电气系统	供电系统电压稳定、正常工作、电压 380（1±10%）V	
	仪表、照明、报警系统完好、可靠	
	控制、操纵装置动作灵活、可靠	
	电气按要求设置短路和过电流、失压及零位保护，切断总电源的紧急开关符合要求	
	电气系统对地的绝缘电阻不大于 0.5 MΩ	
安全限位与保险装置	起重量限制器灵敏可靠，其综合误差不超过额定值的±5%	
	力矩限制器灵敏可靠，其综合误差不超过额定值的±5%	
	回转限位器灵敏可靠	
	行走限位器灵敏可靠	
	变幅限位器灵敏可靠	
	超高限位器灵敏可靠	
	顶升横梁防脱落装置完好可靠	
	吊钩上的钢丝绳防脱钩装置完好可靠	
	滑轮、卷筒上的钢丝绳防脱装置完好可靠	
	小车断绳保护装置灵敏可靠	
	小车断轴保护装置灵敏可靠	
环境	布设位置合理，符合施工组织设计的要求	
	与架空线最小距离符合规定	
	塔式起重机的尾部与周围建（构）筑物及其外围施工设施之间的安全距离不小于 0.6 m	
其他	对检测单位意见复查	

出租单位验收意见： 签章：　　　　　　日期：	安装单位验收意见： 签章：　　　　　　日期：
使用单位验收意见： 签章：　　　　　　日期：	监理单位验收意见： 签章：　　　　　　日期：

总承包单位验收意见：

签章：　　　　　　　　　　　　　　　　　　　　　日期：

　　注：施工升降机严禁使用非原厂的附着及标准节。

表 5.62 塔式起重机周期检查表

工程名称								
塔式 起重机	型号		设备编号		起升高度			m
	幅度	m	起重力矩	kN·m	最大起重量	t	塔高	m
与建筑物水平附着距离				m	各道附 着间距	m	附着 道数	

验收部位	验收要求	结果
塔式起重机 结构	部件、附件、连接件安装齐全，位置正确	
	螺栓拧紧力矩达到技术要求，开口销完全撬开	
	结构物变形、开焊、疲劳裂纹	
	压重、配重的重量与位置符合使用说明书要求	
基础与轨道	地基坚实、平整，地基或基础隐蔽工程资料齐全、准确	
	基础周围有排水措施	
	路基箱或枕木铺设符合要求，夹板、道钉使用正确	
	钢轨顶面纵、横方向上的倾斜度不大于 1/1000	
	塔式起重机底架平整度符合使用说明书要求	
	止挡装置距钢轨两端 ≥1 m	
	行走限位装置距止挡装置 ≥1 m	
	轨接头间距不大于 4 mm，接头高低差不大于 2 mm	
机构及零部件	钢丝绳在卷筒上面缠绕整齐、润滑良好	
	钢丝绳规格正确，断丝和磨损未达到报废标准	
	钢丝绳固定和编插符合国家及行业标准	
	各部位滑轮转动灵活、可靠，无卡塞现象	
	吊钩磨损未达到报废标准，保险装置可靠	
	各机构转动平稳、无异常响声	
	各润滑点润滑良好，润滑油牌号正确	
	制动器动作灵活可靠，联轴节连接良好、无异常	
附着锚固	锚固框架安装位置符合规定要求	
	塔身与锚固框架牢靠	
	附着框、锚杆、附着装置等各处螺栓、销轴齐全、正确、可靠	
	垫铁、锲块等零部件齐全可靠	
	最高附着点下塔身轴线对支承面垂直度不得大于相应高度的 2/1 000	
	独立状态附着状态下最高附着点以上塔身轴线对支承面垂直度不得 大于 4/1 000	
	附着点以上塔式起重机悬臂高度不得大于规定值	
电气系统	供电系统电压稳定、正常工作、电压 380（1±10%）V	
	仪表、照明、报警系统完好、可靠	
	控制、操纵装置动作灵活、可靠	
	电气按要求设置短路和过电流、失压及零位保护，切断总电源的紧 急开关符合要求	
	电气系统对地的绝缘电阻不大于 0.5 MΩ	

续表

验收部位	验收要求	结　果
安全限位与保险装置	起重量限制器灵敏可靠，其综合误差不超过额定值的±5%	
	力矩限制器灵敏可靠，其综合误差不超过额定值的±5%	
	回转限位器灵敏可靠	
	行走限位器灵敏可靠	
	变幅限位器灵敏可靠	
	超高限位器灵敏可靠	
	顶升横梁防脱装置完好可靠	
	吊钩上的钢丝绳防脱装置完好可靠	
	滑轮、卷筒上的钢丝绳防脱装置完好可靠	
	小车断绳保护装置灵敏可靠	
	小车断轴保护装置完好可靠	
	升降驾驶室乘人梯笼限位器灵敏可靠	
	驾驶室防坠保险装置和避震器齐全可靠	
环境	与架空线最小距离符合规定	
	塔式起重机的尾部与周围建（构）筑物及其外围施工设施之间的安全距离不小于0.6 m	
其他	已落实持证专职司机	
	有专人指挥并持有上岗证书	
	机操、指挥人员上岗挂牌已落实	
	机械性能挂牌已落实	
	塔式起重机夹轨钳齐全有效	
	驾驶室能密闭、门窗玻璃完好，门能上锁	
	塔式起重机油漆无起壳、脱皮，保养良好	

出租单位验收意见：		出租单位人员签名	
		设备部门	
		安全部门	
	日期：	机长	

结论	同意继续使用	限制使用	不准使用，整改后二次验收

出租单位验收意见：		工地验收人员签名	
		机管部门	
	日期：	安全部门	

结论	同意继续使用	限制使用	不准使用，整改后二次验收

注：验收栏目内有数据的，必须在验收栏内填写实测的数据，无数据的用文字说明。

（2）施工升降机。

施工升降机内业资料主要依据《建筑施工升降机安装、使用、拆卸安全技术规程》（JGJ215—2010）填写。注意：原《施工升降机》、《施工升降机安全技术规程》中的人货两用升降机部分已被《吊笼有垂直导向的人货两用施工升降机》取代。相关表格应符合此规范要求，参考表 5.63 ~ 表 5.69。

表 5.63　施工升降机基础验收表

工程名称		工程地址	
使用单位		安装单位	
设备型号		备案登记号	
序号	检查项目	检查结论 （合格画√，不合格画×）	备　注
1	地基承载力		
2	基础尺寸偏差（长×宽×厚）/mm		
3	基础混凝土强度报告		
4	基础表面平整度		
5	基础顶部标高偏差/mm		
6	预埋螺栓、预埋件位置偏差/mm		
7	基础周边排水措施		
8	基础周边与架空输电线安全距离		
其他需说明的内容			
总承包单位		参加人员签字	
使用单位		参加人员签字	
安装单位		参加人员签字	
监理单位		参加人员签字	

验收结论：

施工总承包单位（盖章）

年　　月　　日

表 5.64 施工升降机安装自检表

工程名称				工程地址		
安装单位				安装资质等级		
制造单位				使用单位		
设备型号				备案登记号		
安装日期			初始安装高度		最大安装高度	
检查结果代号说明	√＝合格　　〇＝整改后合格　　×＝不合格　　无＝无此项					

名称	序号	检查项目	要　求		检查结果	备注
资料检查	1	基础验收表和隐蔽工程验收单	应齐全			
	2	安装方案、安全交底记录	应齐全			
	3	转场保养作业单	应齐全			
标志	4	统一编号牌	应设置在规定位置			
	5	警示标志	吊笼内应有安全操作规程，操纵按钮及其他危险处应有醒目的警示标志，施工升降机应设限载和楼层标志			
基础和围护措施	6	地面防护围栏门联锁保护装置	应装机电联锁装置，吊笼位于底部规定位置时，地面防护围栏门才能打开，地面防护围栏门开启后吊笼不能启动			
	7	地面防护围栏	基础上吊笼和对重升降通道周围应设置地面防护围栏，高度≥1.8 m			
	8	安全防护区	当施工升降机基础下方有施工作业区时，应加设对重坠落伤人的安全防护区及其安全防护措施			
金属结构件	9	金属结构件外观	无明显变形、脱焊、开裂和锈蚀			
	10	螺栓连接	紧固件安装准确、紧固可靠			
	11	销轴连接	销轴连接定位可靠			
	12	导轨架垂直度	架设高度 h（m） $h \leqslant 70$ $70 < h \leqslant 100$ $100 < h \leqslant 150$ $150 < h \leqslant 200$ $h > 200$	垂直度偏差（mm） $\leqslant (1/1\,000)h$ $\leqslant 70$ $\leqslant 90$ $\leqslant 110$ $\leqslant 130$		
			对钢丝绳式施工升降机，垂直度偏差应 $\leqslant (1.5/1\,000)h$			

名称	序号	检查项目	要　求	检查结果	备注
吊笼	13	紧急逃离门	吊笼顶应有紧急出口，装有向外开启的活动板门，并配有专用扶梯。活动板门应设有安全开关，当门打开时，吊笼不能启动		
	14	吊笼顶部护栏	吊笼顶应设防护栏杆高度≥1.05 m		
层门	15	层站层门	应设置层站层门，层门只能由司机启闭，吊笼门与层站边缘水平距离≤50 mm		
传动及导向	16	防护装置	转动零部件的外露部分应有防护罩等防护装置		
	17	制动器	制动性能良好，有手动松闸功能		
	18	齿条对接	相邻两齿条的对接处沿齿高方向的阶差应≤0.3 mm，沿长度的齿差应≤0.6 mm		
	19	齿轮齿条啮合	齿条应有90%以上的计算宽度参与啮合，且与齿轮的啮合侧隙应为0.2~0.5 mm		
	20	导向轮及背轮	连接及润滑应良好、导向灵活、无明显倾侧现象		
附着装置	21	附着装置	应采用配套标准产品		
	22	附着间距	应符合使用说明书要求或设计要求		
	23	自由端高度	应符合使用说明书要求		
	24	与构筑物连接	应牢固可靠		
安全装置	25	防坠安全器	只能在有效标定期限内使用（应提供检测合格证）		
	26	防松绳开关	对重应设置防松绳开关		
	27	安全钩	安装位置及结构应能防止吊笼脱离导轨架或安全器的输出齿轮脱离齿条		
	28	上限位	安装位置：提升速度 $v < 0.8$ m/s 时，留有上部安全距离应≥1.8 m；$v \geqslant 0.8$ m/s 时，留有上部安全距离应≥$1.8 + 0.1 v^2$（m）		
	29	上极限开关	极限开关应为非自动复位型，动作时能切断总电源，动作后须手动复位才能使吊笼启动		
	30	越程距离	上限位和上极限开关之间的越程距离应≥0.15 m		
	31	下限位	安装位置：应在吊笼制停时，与下极限开关保持一定距离		
	32	下极限开关	在正常工作状态下，吊笼碰到缓冲器之前，下极限开关应首先动作		

续表

名称	序号	检查项目	要　求	检查结果	备注
电气系统	33	急停开关	应在便于操作处装设非自行复位的急停开关		
	34	绝缘电阻	电动机及电气元件（电子元器件部分除外）的对地绝缘电阻应≥0.5 MΩ；电气线路的对地绝缘电阻应≥1 MΩ		
	35	接地保护	电动机和电气设备金属外壳均应接地，接地电阻应≤4 Ω		
	36	失压、零位保护	灵敏、正确		
	37	电气线路	排列整齐，接地，零线分开		
	38	相序保护装置	应设置		
	39	通信联络装置	应设置		
	40	电缆与电缆导向	电缆应完好无破损，电缆导向架按规定设置		
对重和钢丝绳	41	钢丝绳	应规格正确，且未达到报废标准		
	42	对重安装	应按使用说明书要求设置		
	43	对重导轨	接缝平整，导向良好		
	44	钢丝绳端部固结	应固结可靠。绳卡规格应与绳径匹配，其数量不得少于 3 个，间距不小于绳径的 6 倍，滑鞍应放在受力一侧		

自检结论：

检查人签字：　　　　　　　　　　　　　　　　　　　　　　　检查日期：　　年　　月　　日

　注：对不符合要求的项目，应在备注栏具体说明；对要求量化的参数，应填实测值。

表 5.65　施工升降机安装验收表

工程名称			工程地址		
设备型号			备案录登记		
设备生产厂			出厂编号		
出厂日期			安装高度		
安装负责人			安装日期		
检查结果代号说明		√＝合格　　　○＝整改后合格　　　×＝不合格　　　无＝无此项			
检查项目	序号	内容和要求	检查结果		备注
主要部件	1	导轨架、附墙架连接安装齐全、牢固，位置正确			
	2	螺栓拧紧力矩达到技术要求，开口销完全撬开			
	3	导轨架安装垂直度满足要求			
	4	结构件无变形、开焊、裂纹			
	5	对重导轨符合使用说明书要求			
传动系统	6	钢丝绳规格正确，未达到报废标准			
	7	钢丝绳固定和编结符合标准要求			
	8	各部位滑轮转动灵活、可靠，无卡阻现象			
	9	齿条、齿轮、曳引轮符合标准要求，保险装置可靠			
	10	各机构转动平稳，无异常响声			
	11	各润滑点润滑良好，润滑油牌号正确			
	12	制动器、离合器动作灵活可靠			
电气系统	13	供电系统正常，额定电压值偏差≤5%			
	14	接触器、继电器接触良好			
	15	仪表、照明、报警系统完好可靠			
	16	控制、操作装置动作灵活、可靠			
	17	各种电器安全保护装置齐全、可靠			
	18	电气系统对导轨架的绝缘电阻应≥0.5 MΩ			
	19	接地电阻应≤4 Ω			
安全系统	20	防坠安全器在有效标定期限内			
	21	防坠安全器灵敏可靠			
	22	超载保护装置灵敏可靠			
	23	上、下限位开关灵敏可靠			

续表

检查项目	序号	内容和要求	检查结果	备注
安全系统	24	上、下极限开关灵敏可靠		
	25	急停开关灵敏可靠		
	26	安全钩完好		
	27	额定载重量标牌牢固、清晰		
	28	地面防护围栏门、吊笼门机电联锁灵敏可靠		
试运行	29	空载	双吊笼施工升降机应分别对两个吊笼进行试运行。试运行中吊笼应启动、制动正常，运行平稳，无异常现象	
	30	额定载重量		
	31	125% 额定载重量		
坠落实验	32	吊笼制动后结构及连接件应无任何损坏或永久变形，且制动距离应符合要求		

验收结论：

总承包单位（盖章）：　　　　　　　　　　　　　　　　　　　　验收日期：　　年　　月　　日

总承包单位		参加人员签字	
使用单位		参加人员签字	
安装单位		参加人员签字	
监理单位		参加人员签字	
租赁单位		参加人员签字	

注：① 新安装的施工升降机及在用的施工升降机应至少每3个月进行一次额定载重量的坠落试验；新安装及大修后的施工升降机应作125%额定载重量试运行。
　　② 对不符合要求的项目，应在备注栏具体说明；对要求量化的参数，应填实测值。

表 5.66　施工升降机交接班记录表

工程名称		使用单位		
设备型号		备案登记号		
时　间		年　月　日　时　分		
检查结果代号说明		√＝合格　　○＝整改后合格　　×＝不合格		

序号	检查项目	检查结果	备　注
1	施工升降机通道无障碍物		
2	地面防护围栏门、吊笼门机电联锁完好		
3	各限位挡板位置无移动		
4	各限位器灵敏可靠		
5	各制动器灵敏可靠		
6	卫生良好		
7	润滑充分		
8	各部位紧固无松动		
9	其他		

故障机维修记录：

交班司机签名：　　　　　　　　　　　　　　　　接班司机签名：

表 5.67　施工升降机每日使用前检查表

工程名称		工程地址	
使用单位		设备型号	
租赁单位		备案登记号	
检查日期		年　月　日	
检查结果代号说明		√=合格○=整改后合格×=不合格无=无此项	

序号	检查项目	检查结果	备注
1	外电源箱总开关、总接触器正常		
2	地面防护围栏门及机电联锁正常		
3	吊笼、吊笼门和机电联锁操作正常		
4	吊笼顶紧急逃离门正常		
5	吊笼及对重通道无障碍物		
6	钢丝绳连接、固定情况正常，各引钢丝绳松紧一致		
7	导轨架连接螺栓无松动、缺失		
8	导轨架及附墙架无异常移动		
9	齿轮、齿条啮合正常		
10	上、下限位开关正常		
11	极限限位开关正常		
12	电缆导向架正常		
13	制动器正常		
14	电机和变速箱无异常发热及噪声		
15	急停开关正常		
16	润滑油无泄漏		
17	警报系统正常		
18	地面防护围栏内及吊笼顶无杂物		

发现问题：	维修情况：

司机签名：

表 5.68 施工升降机每月检查表

设备型号					备案登记号		
工程名称					工程地址		
设备生产厂					出厂编号		
出厂日期					安装高度		
安装负责人					安装日期		
检查结果代号说明			√＝合格 ○＝整改后合格 ×＝不合格 无＝无此项				
名称	序号	检查项目		要 求		检查结果	备注
标志	1	统一编号牌		应设置在规定位置			
	2	警示标志		吊笼内应有安全操作规程，操作按钮及其他危险处应有醒目的警示标志，施工升降机应设限载和楼层标志			
基础和围护设施	3	地面防护围栏门机电联锁保护装置		应装机电联锁装置，使吊笼位于底部规定位置时地面防护围栏门才能打开，地面防护围栏门开启后吊笼不能启动			
	4	地面防护围栏		基础上吊笼和对重升降通道周围应设置防护围栏，地面防护围栏高≥1.8 m			
	5	安全防护区		当施工升降机基础下方有施工作业区时，应加设防对重坠落伤人的坠落防护区及其安全防护装置			
	6	电缆收集筒		固定可靠、电缆能正确导入			
	7	缓冲弹簧		应完好			
金属结构件	8	金属结构件外观		无明显变形、脱焊、开裂和锈蚀			
	9	螺栓连接		紧固件安装准确、紧固可靠			
	10	销轴连接		销轴连接定位可靠			
	11	导轨架垂直度	架设高度 h（m） $h\leqslant70$ $70<h\leqslant100$ $100<h\leqslant150$ $150<h\leqslant200$ $h>200$	垂直度偏差（mm） $\leqslant(1/1\,000)h$ $\leqslant70$ $\leqslant90$ $\leqslant110$ $\leqslant130$			
			对钢丝绳式施工升降机，垂直度偏差应 $\leqslant(1.5/1\,000)h$				
吊笼及层门	12	紧急逃离门		应完好			
	13	吊笼顶部护栏		应完好			
	14	吊笼门		开启正常，机电联锁有效			
	15	层门		应完好			
传动及导向	16	防护装置		转动零部件的外露部分应有防护罩等防护装置			
	17	制动器		制动性能良好，手动松闸功能正常			

续表

名称	序号	检查项目	要　求	检查结果	备注
传动及导向	18	齿轮齿条啮合	齿条应有 90% 以上的计算宽度参与啮合，且与齿轮的啮合侧隙应为 0.2～0.5 mm		
	19	导向轮及背轮	连接及润滑应良好、导向灵活、无明显倾侧现象		
	20	润滑	无漏油现象		
附着装置	21	附墙架	应采用配套标准产品		
	22	附着间距	应符合使用说明书要求		
	23	自由端高度	应符合使用说明书要求		
	24	与构筑物连接	应牢固可靠		
安全装置	25	防坠安全器	应在有效标定期限内使用		
	26	防松绳开关	应有效		
	27	安全钩	应完好、有效		
	28	上限位	安装位置：提升速度 $v < 0.8$ m/s 时，留有上部安全距离应 ≥ 1.8 m；$v \geq 0.8$ m/s 时，留有上部安全距离应 $\geq 1.8 + 0.1v^2$（m）		
	29	上极限开关	极限开关应为非自动复位型，动作时能切断总电源，动作后须手动复位才能使吊篮启动		
	30	下限位	应完好、有效		
	31	越程距离	上限位和上极限开关之间的越程距离应 $\geq$ 0.15 m		
	32	下极限开关	应完好、有效		
	33	紧急逃离门安全开关	应有效		
	34	急停开关	应有效		
电气系统	35	绝缘电阻	电动机及电气元件（电子元器件部分除外）的对地绝缘电阻应 ≥ 0.5 MΩ；电气线路的对地绝缘电阻应 ≥ 1 MΩ		
	36	接地保护	电动机和电气设备金属外壳均应接地，接地电阻应 ≤ 4 Ω		
	37	失压、零位保护	应有效		
	38	电气线路	排列整齐，接地，零线分开		
	39	相序保护装置	应有效		
	40	通信联络装置	应有效		
	41	电缆与电缆导向	电缆完好无破损，电缆导向架按规定设置		
对重和钢丝绳	42	钢丝绳	应规格正确，且未达到报废标准		
	43	对重导轨	接缝平整，导向良好		
	44	钢丝绳端部固结	应固结可靠。绳卡规格应与绳径匹配，其数量不得少于 3 个，间距不小于绳径的 6 倍；滑鞍应放在受力一侧		

检查结论：

租赁单位检查人签字：

使用单位检查人签字：

日期：　　　　　　　　　　　　　　　　　　　　　　　　　　　　年　　月　　日

注：对不符合要求的项目，应在备注栏中具体说明；对要求量化的参数，应填实测值。

表 5.69 施工升降机加节、附着验收记录

工程名称：　　　　　　　　　　　　　　　　　　　　　　　　　施工单位：

起重机型号		设备编号		验收日期	年 月 日
安装单位		原高		加节后高/m	

项目	验收项目		验收结果
加节之前	标准节数量及型号符合规定		
	附着连接点、标准节螺栓及其他紧固连接点		
	上、下限位及各门限位		
	刹车系统及限速制动器		
	电气装置及电缆		
加节之后	标准节数量及型号符合规定		
	附着连接点、标准节螺栓及其他紧固连接点		
	上、下限位及各门限位		
	刹车系统及限速制动器		
	电气装置及电缆		
验收结论			

参加验收人员：　　　　　　　　　　　　　　　　日　期： 年 月 日

项目技术负责人：	监理单位意见：	安全工程师意见：
技术负责人：	总监：	安全工程师：

（3）龙门架及物料提升机安装验收表。

根据《龙门架及井架物料提升机安全技术规范》（JGJ88—2010）的规定：龙门架及物料提升机安装高度超过 30 m 时，除应具有起重量限制、停层保护装置外，还应具有自动停层功能、渐进式防坠安全器、自升降安拆供能和语音及影像信号。填写表格时，根据安装高度注意第九项内容，应增加对上述功能的检查，可参考表 5.70。

表 5.70 龙门架及物料提升机安装验收表

工程名称			安装单位	
施工单位			项目负责人	
设备型号			设备编号	
安装高度			附着形式	
安装时间				
验收项目	验收内容		实测结果	结论（合格、不合格）
基础	基础承载力符合要求			
	基础表面平整度符合说明书要求			
	基础混凝土强度等级符合要求			
	基础周边有排水设施			
	与输电线路的水平距离符合要求			
导轨架	各标准节无变形、无开焊及严重锈蚀			
	各节点螺栓紧固力矩符合要求			
	导轨架垂直度≤0.15%，导轨对接阶差≤1.5 mm			
动力系统	卷扬机卷筒节径与钢丝绳直径的比值≥30			
	吊笼处于最低位置时，卷筒上的钢丝绳不应少于 3 圈			
	曳引轮直径与钢丝绳的包角≥150°			
	卷扬机（曳引机）固定牢固			
	制动器、离合器工作可靠			
钢丝绳与滑轮	钢丝绳安全系数符合设计要求			
	钢丝绳断丝、磨损未达到报废标准			
	钢丝绳及绳夹规格匹配、紧固有效			
	滑轮直径与钢丝绳的直径比值≥30			
	滑轮磨损未达到报废标准			

（续表）

验收项目	验收内容	实测结果	结论（合格、不合格）
吊笼	吊笼结构完好，无变形		
	吊笼安全门开启灵活有效		
电气系统	供电系统正常，电源电压 380（1±5%）V		
	电气设备绝缘电阻值≥0.5 MΩ，重复接地电阻值≤10 Ω		
	短路保护，过电流保护和漏电保护齐全可靠。		
附墙架	附墙架结构符合说明书的要求		
	自由端高度，附墙架间距≤6 m，且符合设计要求		
缆风绳与地锚	缆风绳的设置组数及位置符合说明书的要求		
	缆风绳与导轨架连接处有防剪切措施		
	缆风绳与地锚夹角为 45°～60°		
	缆风绳与地锚用花篮螺栓连接		
安全与防护装置	防坠安全器在标定期内，且灵敏可靠		
	起重量限制器灵敏可靠，误差值不大于额定值的5%		
	安全停层装置灵敏有效		
	限位开关灵敏可靠，安全越程≥3 m		
	进料口、停层平台门高度及强度符合要求，且达到工具化、标准化		
	停层平台及两侧防护栏杆搭设高度符合要求		
	进料口防护棚长度≥3 m，且强度符合要求		

验收结论：

验收负责人：　　　　　　　　　　验收日期：　　年　月　日

施工总承包单位		验收人	
安装单位		验收人	
使用单位		验收人	
租赁单位		验收人	
监理单位		验收人	

（4）高处作业吊篮。

施工现场吊篮的使用应符合《建筑施工工具式脚手架安全技术规范》（JGJ202—2010）、《高处作业吊篮》（GB19155—2003）等规范的规定，使用前应编制专项施工方案，履行报审程序。吊篮安拆、使用前应对作业人员进行安全技术交底。吊篮安装完毕，使用单位应当组织租赁、安装、监理等有关单位进行逐台验收；半径验收或验收不合格的吊篮不符，验收合格后的30日内，报建设行政主管部门办理施工登记，参考表5.71、5.72。使用过程中，应填写吊篮每日检查记录表，参考表5.73。

表 5.71　高处作业吊篮检查验收表

工程名称			设备型号	
总包单位			项目负责人	
使用单位			额定载荷	
租赁单位			吊篮出厂编号	
标定日期			验收日期	
验收项目			验收结果	
技术资料	经审批合格的安装技术方案			
	出租单位营业执照、产品合格证齐全			
	安全锁的标定证书			
	安装、使用维护保养说明书齐全			
	产品标牌内容是否齐全（产品名称、注意技术性能、制作日期、出厂编号、制造长名称）			
吊篮平台防护	吊篮主构件有无开焊或明显腐蚀，螺栓有无松动、缺损，外框有无明显变形、锈蚀			
	吊篮平台使用所需的长度不能超过厂家使用说明书的规定			
	吊篮平台地板四周是否装有标准高度的踢脚板，吊篮平台地板是否有防滑措施			
提升机构	提升机构的所有装置外露部分是否装防护装置			
	提升机的链接螺母是否紧固			
	电磁制动器和机械制动器是否灵敏有效			
安全装置	上、下行程限位装置是否灵敏、可靠			
	安全锁灵敏可靠，在标定有效期内，离心触发式制动距离100 mm，摆臂防倾 3°～8° 锁绳			
	独立设置保险绳（采用直径不小于 16 mm 的锦纶绳），锁绳器符合要求			

续表

验收项目		验收结果
钢丝绳	钢丝绳无断丝、磨损、扭结、变形、腐蚀、无沙砾、灰尘附着，符合吊篮安全使用要求	
	钢丝绳的固定是否符合要求	
	钢丝绳坠重应距地 15 cm 垂直绷紧	
悬挂机构	悬挂机构的零部件是否齐全正确，安装是否符合要求，钢结构有无开焊、变形、裂纹、破损	
	配重应固定牢固，重量及块数是否符合要求	
	悬挂机构挑梁外伸长度及两根挑梁之间的间距是否符合标准，悬挂机构前高后底设置，纤绳张紧度为前端上翘 2～3 cm，抗倾覆系数符合安全使用要求（$X \geq 2$）	
	行走轮用木方垫起脱离地面	
电气系统	电动吊篮专用箱必须达到一机、一闸、一漏	
	配电箱外壳的绝缘电阻不小于 0.5 MΩ	
	电线、电缆有无破损，供电电压 380（1±10%）V	
	电气系统各种安全保护装置是否齐全、可靠	
	电器元件是否灵敏可靠	符合要求
验收结论	符合要求	

验收人签字	总包单位	分包单位	租赁单位	安装单位

监理单位验收：

符合验收程序，同意使用（　　）　　　　　不符合验收程序，重新组织验收（　　）

监理工程师（签字）：　　　　　　　　　　　　　　　　　　　年　　月　　日

表 5.72　高处作业吊篮使用验收表

工程名称			结构形式			
建筑面积			机位布置情况			
总包单位			项目经理			
租赁单位			项目经理			
安拆单位			项目经理			

序号	检查部位		检查标准	检查结果
1	保证项目	悬挑机构	悬挑机构的连接销轴规格与安装孔相符并用锁定销可靠锁定	
			悬挑机构稳定，前支架受力点平整，结构强度满足要求	
			悬挑机构抗倾覆系数≥2，配重铁足量稳妥安放，锚固点结构强度满足要求	
2		吊篮平台	吊篮平台组装符合产品说明书要求	
			吊篮平台无明显变形和严重锈蚀及大量附着物	
			连接螺栓无遗漏并拧紧	
3		操控系统	供电系统符合施工现场临时用电安全技术规范要求	
			电气控制柜各种安全保护装置齐全、可靠，控制器件灵敏、可靠	
			电缆无破损裸露，收放自如	
4		安全装置	安全锁灵敏、可靠，锁绳在标定有效期内，离心触发式制动距离≤200 mm，摆臂防倾3°～8°	
			独立设置锦纶安全绳，锦纶安全绳直径不小于16 mm，锁绳器符合要求，安全绳与结构固定点的连接可靠	
			行程限位装置是否正确稳固，灵敏可靠	
			超高限位器止挡安装在距顶端80 cm处，固定牢固	
5		钢丝绳	动力钢丝绳、安全钢丝绳及索具的规格型号符合产品说明书要求	
			钢丝绳无断丝、断股、松股、硬弯、锈蚀，无油污和附着物	
			钢丝绳的安装稳妥可靠	
6	一般项目	技术资料	吊篮安装和施工组织方案	
			安装、操作人员的资格证书	
			防护架钢结构构件产品合格证	
			产品标牌内容完整（产品名称、主要技术性能、制造日期、出厂编号、制造厂名称）	
7		防护	施工现场安全防护措施落实，划定安全区，设置安全警示标识	

验收结论				
验收人签字	总包单位	分包单位	租赁单位	安拆单位

监理单位验收：

符合验收程序，同意使用（　　）

不符合验收程序，重新组织验收（　　）

总监理工程师（签字）：　　　　　　　　　　　　　　　　　　　年　　月　　日

表 5.73　吊篮日常检查表

设备编号：　　　　　　　　　　　　检查人员：　　　　　　　　　　　　日期：　　年　月　日

检查项目	检查内容	检查情况	整改措施
提升钢丝绳和安全钢丝绳	是否有损伤（乱丝、毛刺、断丝、压痕、变松、松散）		
	是否有砂浆等杂物		
	锈蚀情况		
生命绳	是否有断股、腐蚀等损伤现象		
	安全绳自锁是否灵活		
悬挂机构	配重块有无散失、缺损		
	悬臂梁架连接是否可靠		
	悬挂机构的定位是否可靠		
悬吊平台	扶手栏杆是否松动		
	底板是否破损和防滑		
	悬吊平台是否倾斜		
	载重是否符合说明书要求		
安全锁	动作是否可靠、灵敏		
电气系统	开关动作是否正常		
	插头、插座、指示灯是否完好		
	电缆线是否有破损		
	电气装置标牌是否完好		
限位器	动作是否可靠、灵敏		
提升机	提升机与悬吊平台的连接是否松动、裂纹、变形，是否有异常声音和振动		
运行试验	将悬吊平台升至离地面 2~3 m 作上下运行 2~3 次，运行是否正常		
备注			
评价及处理			

检查人签名：

2. 施工机械

施工现场的各种小型机具应按相关规定进行验收，验收合格使用前，应对使用作业人员进行安全技术交底，使用过程中应做好检查记录，并及时进行维修保养。施工现场应留存以下资料：

施工单位应提供安全检测工具生产许可证与产品合格证、施工机具及配件相应的生产（制造）许可证、产品合格证、进场验收表、使用安全技术交底、日常检查记录、维修保养记录参考表5.74~表5.77。

表 5.74 打桩机验收表

工程名称				机械名称	
设备型号		设备编号		安装日期	
序号	验收内容			验收结果	
1	有专项安全施工组织设计并经上级审批，针对性强				
2	有专项安全技术交底，有安全操作规程牌				
3	打桩机行走路线地耐力符合说明要求				
4	各安全保护装置齐全，灵敏可靠				
5	打桩机各部位螺栓紧固，各部件齐全完好，润滑良好，运行平稳、无异响				
6	电气装置齐全可靠				
7	电缆线路符合要求，有可靠的接零保护措施				
8	有专用开关箱并符合要求，漏电保护器匹配合理，灵敏可靠				
9	操作人员持证上岗				
验收意见			项目负责人		
			技术负责人		
			安装负责人		
			机管员		
			安全员		
	年 月 日		机械操作工		

表 5.75　电焊机验收表

工程名称				机械名称	
设备型号		设备编号		安装日期	
序号	验收内容			验收结果	
1	专项安全施工组电焊机有防雨措施，有安全操作规程牌				
2	电焊机有可靠的保护零线，接线柱处应有防护罩				
3	焊把及电焊线绝缘好，电焊线通过道路时，应架高或穿管埋设在地下				
4	电焊机一次侧电源线长度应不大于 5 m，二次线长度应不大于 3 m				
5	有专用开关箱并符合要求，漏电保护器匹配合理，灵敏可靠，设置二次空载降压保护器或二次触电保护器				
6	操作人员持证上岗，正确穿戴防护用品				
7	施焊场所 10 m 范围内应无堆放易燃易爆物品				
8	施焊场所应配备符合防火要求的消防器材				
验收意见			项目负责人		
			技术负责人		
			安装负责人		
			机管员		
			安全员		
	年　　月　　日		机械操作工		

表 5.76　钢筋机械安装验收表

工程名称				机械名称	
设备型号		设备编号		安装日期	
序号	验收内容				验收结果
1	安装场地砼硬化，机身安装稳固，设有可靠的防护棚，有安全操作规程牌，有良好的排水措施				
2	传动部位防护罩齐全可靠				
3	钢筋冷拉作业区及时对焊作业区应有防护隔离措施，并悬挂警示牌				
4	冷拉机地锚、钢丝绳连接点牢固，夹具安全可靠，信号明确				
5	设备金属外壳应做保护接零并连接牢固，符合要求				
6	有专用开关箱并符合要求，漏电保护器匹配合理、灵敏可靠				
7	开关箱距设备不大于 3 m				
验收意见				项目负责人	
				技术负责人	
				安装负责人	
				机管员	
				安全员	
		年　　月　　日		机械操作工	

表 5.77　旋挖钻孔机械验收记录

编号：

工程名称		设备型号	
总包单位		分包单位	
租赁单位		安装单位	
验收日期			

序号	检查项目	验收内容	验收结果
1	外观验收	灯光正常、仪表正常齐全有效	
		全车各部位无变形，驱动轮、拖链轮、支重轮无变形，行走链条磨损符合机械性能要求	
		配重安装符合要求	
		无任何部位的漏油、漏气、漏水，机溶器机况整洁	
2	检查各油位水位	水箱水位、电瓶水位正常	
		机油油位正常、液压油位正常	
		方向机油油位正常、刹车制动油正常	
		变速箱油位正常、各齿轮油位正常	
3	发动机部分	机油压力怠速时不小于 1.5 kg/cm^2	
		水温正常	
		发动机运转正常无异响	
		各辅助机构工作正常	
4	液压传动部分	液压泵液压正常、液压油温无异常	
		支腿正常伸缩，无下滑拖滞现象，回转正常	
		变幅油缸无下滑现象，钻头提升油缸正常	
5	底盘部分	变速箱正常	
		刹车系统正常，各操作控制机构正常	
		动力头运转正常，钻杆无弯扭变形	

序号	检查项目	验收内容	验收结果
6	安全防护部分	有产品质量合格证	
		起重钢丝绳无断丝、断股，无乱绳，润滑良好，符合安全使用要求	
		吊钩、卷筒、滑轮无裂纹，符合安全使用要求	
		起升高度限位器的报警切断动力功能正常	
		水平仪的指示正常	
		防过放绳装置的功能正常	
		高压线附近作业，保证具有足够的安全距离	
		设置专用配电箱，符合临时用电规范要求，电源线按要求架设或有保护措施	
		操作工持证上岗，遵守操作规程	
		驾驶室内挂设安全技术性能表和操作规程	
验收结论		该机械各项安全指标符合要求，同意使用。	

验收人签字	总包单位	分包单位	租赁单位	安装单位

监理单位意见：

符合验收程序，同意使用（　　　　）

不符合验收程序，重新组织验收（　　　）

监理工程师签字：　　　　　　　年　　月　　日

注：本表由施工单位填报，监理单位、施工单位、租赁单位、安装单位各存一份。

3. "三宝"、"四口"、"五临边"防护安全资料

（1）根据《高处作业技术规范》规定：施工现场应为作业人员提供符合国家规范要求的安全作业环境；为作业人员配备合格的安全帽、安全带等防护用品，设置"四口"、"五临边"等安全防护设施，并在设置完成完进行验收。因此，施工现场应建立健全"三宝"、"四口"、"五临边"等安全防护用品、设施的使用台账，并随时对安全防护用品、设施进行检查。

（2）安全帽、安全带、安全网（密目网）等防护用品必须有产品生产许可证、质量合格证、检验报告、检测报告、厂家备案证（复印件）。

（3）各工种劳动保护用品按《建筑施工作业劳动防护用品配备及使用标准》（JGJ184—2010）配备，参考表5.78。

表5.78　各工种劳动保护用品配备

工种	应配备劳动保护用品	备 注
架子工	灵便紧口工作服、系带防滑鞋、工作手套	
塔机操作人员	灵便紧口工作服、系带防滑鞋、工作手套	
起重吊装工	灵便紧口工作服、系带防滑鞋、工作手套	
信号指挥工	专用标志服装	自然强光下作业时配有色防护眼镜
维修电工	绝缘鞋、绝缘手套、灵便紧口工作服	高压作业时配相应等级的绝缘鞋、绝缘手套、有色防护眼镜
安装电工	手套、防护眼镜	
电梯安装工、起重机械安装拆卸工	紧口工作服、保护脚趾安全鞋、手套	
电焊工、气焊工	阻燃防护服、绝缘鞋、鞋盖、电焊手套、焊接防护面罩	① 高处作业时配安全帽与面罩连接式防护面罩、阻燃安全带。 ② 清除焊渣时，配防护眼镜。 ③ 磨削钨极时，配手套、防护口罩、防护眼镜。 ④ 在酸、碱等腐蚀性环境下作业时，配防腐蚀性工作服、耐酸碱胶鞋手套、防护口罩、防护眼镜。 ⑤ 在密闭环境和通风不良情况下，配送风式防护面罩
锅炉及压力容器安装工、管道安装工	紧口工作服、保护脚趾安全鞋	① 强光下作业时配有色防护眼镜。 ② 地下或潮湿场所下作业配绝缘鞋、绝缘手套
油漆工	防静电工作服、防静电鞋、防静电手套、防护眼镜，	砂纸打磨时，配防护口罩、密闭式防护眼镜
普工	高腰工作鞋、鞋盖、手套、防护口罩、防护眼镜	淋灰、筛灰作业时
	垫肩，	抬、杠物料作业时
	雨靴、手套、安全绳	人工挖孔井下作业时
	保护脚趾安全鞋、手套	拆除作业时
混凝土工	工作服、系带高腰防滑鞋、鞋盖、防尘口罩、手套、防护眼镜（宜）	① 浇筑作业时，配胶鞋、手套。 ② 振捣作业时，配绝缘胶鞋、绝缘手套

续表

工 种	应配备劳动保护用品	备 注
瓦工、砌筑工	保护脚趾安全鞋、胶面手套、普通工作服	
抹灰工	高腰布面胶底防滑鞋、手套、防护眼镜（宜）	
磨石工	紧口工作服、绝缘胶鞋、绝缘手套、防尘口罩	
石工	紧口工作服、保护脚趾安全鞋、手套、防尘口罩、防护眼镜（宜）	
木工机械操作	紧口工作服、防噪声耳罩、防尘口罩、防护眼镜（宜）	
钢筋工	紧口工作服、保护脚趾安全鞋、手套、	除锈作业时，配防尘口罩、防护眼镜（宜）
防水工	防静电工作服、防静电鞋、鞋盖、防静电手套、防护口罩、防护眼镜	涂刷作业时
	防烫工作服、高腰布面胶底防滑鞋、鞋盖、工作帽、耐高温长手套、防毒口罩、防护眼镜	沥青熔化、运送时
玻璃工	工作服、防切割手套	打磨玻璃时，配防尘口罩、防护眼镜（宜）
司炉工	耐高温工作服、保护脚趾安全鞋、工作帽、防护手套、防尘口罩、防护眼镜（宜）	燃料添加作业时，配有色防冲击眼镜
钳工、铆工、通风工	紧口工作服、防护眼镜	使用锉刀、刮刀、錾子、扁铲作业时
	手套、防护眼镜	剔凿作业时
	保护脚趾安全鞋、手套	抬杠作业时
	防异物工作服、防尘口罩、风帽、风镜、薄膜手套	石棉、玻璃棉作业时
筑炉工	紧口工作服、保护脚趾安全鞋、手套、防尘口罩、防护眼镜（宜）	
其他人员	绝缘胶鞋、绝缘手套、防护眼镜	电钻、砂轮作业和其他电动工具作业时
	保护脚趾安全鞋、绝缘手套、防噪声耳塞（耳罩）	蛙式夯、振动冲击夯时
	防护眼镜	有飞溅渣屑机械作业时
	防毒面罩、防滑鞋（靴）、工作手套	地下管线检修作业时

注：
① 防寒服装使用年限不超过6年，一般工作服使用年限不超过3年。
② 安全绳指抗拉力不低于1 000 N 的锦纶绳。
③ 防异物工作服应是衣领、袖口、裤脚"三紧"工作服。
④ 防护眼镜指保护眼睛免受伤害的劳动保护用品，分为防冲击型、防腐蚀型、防辐射型，根据从事工作的不同合理选用。

（4）安全防护用品验收记录（参考表5.79）。

表 5.79 安全防护用品验收记录

工程名称：

单位名称：

用品名称	规格	单位	收料日期			数量验收			质量验收				验收人签名	准用证编号及发放部门
			年	月	日	送料数	实收数	发票或入库单	生产许可证	出厂许可证	检测报告	检验报告		

负责人：

填表人：

　　① 安全帽、安全带。

　　施工现场购买的安全帽、安全带应经检测部门检验，安全帽、安全带安全有效使用期分别为：植物枝条编织帽不超过两年，塑料帽、纸胶帽不超过两年半，玻璃钢（维仑钢）橡胶帽不超过三年半。安全带使用期为 3～5 年，在使用 2 年后，按照批量购入情况，抽验一次，若无破、断，则该批安全带可继续使用。对抽试过的安全带，必须更换安全绳后方可使用。

　　② 安全带。

　　③ 安全网。

　　用于施工现场的密目式安全网张挂好应进行验收，参考表 5.80。

表 5.80　密目式安全网挂设验收表

工程名称：			规格、型号		验收位置
序号	验收项目		验收内容		验收结果
1	网质量		每 100 cm² 面积不少于 2 000 目，有产品合格证，生产许可证等有效证件		
			使用前做耐贯穿和冲击试验并符合要求，有试验报告		
2	挂设		密目式安全网应设置在脚手架外立杆内侧，并挂设严密		
3	绑扎		密目式安全网应用采用符合规定的纤维绳或 φ12～14 铁丝绑扎在立杆或大横杆上，绑扎要牢固		
验收意见：			项目负责人		
			班组负责人		
			技术负责人		
			施工员		
			安全员		

④ 高处作业防护设施验收表，参考表 5.81。

表 5.81 高处作业防护设施验收表

工程名称			验收位置	
序号	验收项目		验收内容	验收结果
1	安全帽		① 施工现场人员是否戴安全帽，且是否按规定方式佩戴安全帽。 ② 安全帽质量应符合国家现行标准	
2	安全网		① 在建工程外侧应采用密目式安全网封闭严密。 ② 安全网质量应符合国家现行标准	
3	安全带		① 高空作业人员应按要求系挂安全带。 ② 安全带质量应符合国家现行标准	
4	临边防护		工作面临边应采取防护措施，防护措施、设施应符合要求并防护严密。防护设施做到定型化、工具化	
5	洞口防护		在建工程的孔、洞采取防护措施并防护严密，防护设施应定型化、工具化。电梯井内应按每隔两层且不大于 10 m 设置安全平网	
6	通道口防护		通道口上方应搭设防护棚并防护严密、牢固。防护棚两侧应封闭，宽度不小于通道口宽度，长度应符合要求；建筑物高度超过 24 m 的，防护棚顶应采用双层防护，防护棚的材质应符合规范要求	
7	攀登作业		移动式梯子的梯脚底部不得垫高使用，折梯使用时应使用可靠拉撑装置，梯子的制作质量或材质应符合要求	
8	悬空作业		悬空作业处应设置防护栏杆或其他可靠的安全设施；悬空作业所用的索具、吊具等应经过验收，悬空作业人员应系挂安全带或佩戴工具袋	
9	移动式操作平台		操作平台应按规定进行设计计算，采用移动式操作平台的，轮子与平台的连接牢固可靠或立柱底端距离地面不得超过 80 mm。操作平台的组装应符合设计和规范要求，平台台面铺板严密。操作平台四周应按规定设置防护栏杆或设置登高扶梯，操作平台的材质符合要求	
10	悬挑式物料平台		应编制专项施工方案。经设计计算，悬挑式钢平台的下部支撑系统与上部拉结点应设置在建筑物结构上；斜拉杆或钢丝绳，按要求在平台两边各设置两道；钢平台按要求设置固定的防护栏杆和挡脚板或栏板，钢平台台面铺板严密或钢平台与建筑结构之间铺板严密，平台上明显处设置荷载限定标牌	
验收意见			项目负责人	
			技术负责人	
			安装负责人	
	年 月 日		施工员	
			安全员	

第四节 施工现场文明施工管理资料

一、施工现场临时轻型钢结构装配式活动房

根据《施工现场临时建筑物技术规范》（JGJ/T188—2009）、《成都市建筑施工现场临时轻型钢结构装配式活动用房管理暂行规定》规定，施工现场的活动板房应具备以下资料：

（1）活动板房产品合格证。

（2）活动板房板材防火性能检验报告（防火等级应为 A 级）。

（3）活动板房设计图纸，设计文件上应注明专项资质证书，并加盖注册设计人员的执业专用章。

（4）活动板房竣工验收表（参考表 5.82）。

表 5.82 施工现场临时轻型钢结构装配式活动房竣工验收表

工程名称		制作单位	
工程地点		出厂日期	
设计单位		结构层	
安装竣工时间		建筑面积	
验收结论：			
			（单位盖章）
安装单位			
技术负责人（签字）：			（单位盖章）
使用单位			
技术负责人（签字）：			（单位盖章）
建筑工程监理（建设）单位			
总监理工程师或技术负责人（签字）：			（单位盖章）

二、文明施工设施管理

1. 民工夜校、浴室

施工现场应当根据《成都市房屋建筑和市政基础设施工程施工现场管理暂行标准（环境和卫生）》

的规定，设置与工程规模相适应的民工夜校、浴室，同时，建立夜校管理制度。并对夜校、浴室的设施进行检查、维修，留存记录（参考表5.83、5.84）。

表5.83　浴室设施、设备验收记录

工程名称：

浴室面积/m²		喷淋头数量/个		热水器数量/个	
热水器规格型号			×××××		
公司安全部门验收意见：					
				公司安全部门（盖章）	
负责人：				日期：	

注：① 浴室的设置符合标准；
　　② 冷热水管道应分开敷设，喷淋头设置符合标准；
　　③ 浴室热水供应设备供热能力符合标准；
　　④ 使用电热水器的，漏电保护器的漏电动作电流≤15 mA，动作时间≤0.1 s，重复接地电阻≤10 Ω。

表5.84　浴室设施检查记录表

工程名称：

序号	检查项目及部位	设备名称	检查人	检查时间	备注

注：检查的内容应包括：① 热水器的完好情况；② 喷淋头的完好情况；③ 板凳、皂台、更衣挂钩等附属设施的完好情况。

2. 食 堂

施工现场设立的食堂必须符合卫生防疫标准，办理卫生许可证，食堂四周场地平整、清洁、无积水，剩菜、饭倒入桶内集中处理，并定期消毒，消灭蚊虫和老鼠，防止传染病和食物中毒等事故的发生。

卫生许可证（证样）如下：

餐 饮 服 务 许 可 证

川餐证字【 】年第　　号

单位名称：×××××××项目部
负 责 人：×××
地　　址：××××××
许可项目：

发证机关：××××
年　　月　　日

有效期限：　　年　　月　　日—　　年　　月　　日　　每年　　月　　日复核

工地食堂炊事员应到工地卫生防疫部门办理健康证。健康证办理的程序：填写申请表→体检化验→符合健康要求→发健康证→每年复检一次。

健康证的证样内容如下：

食堂人员（炊事员）健康证

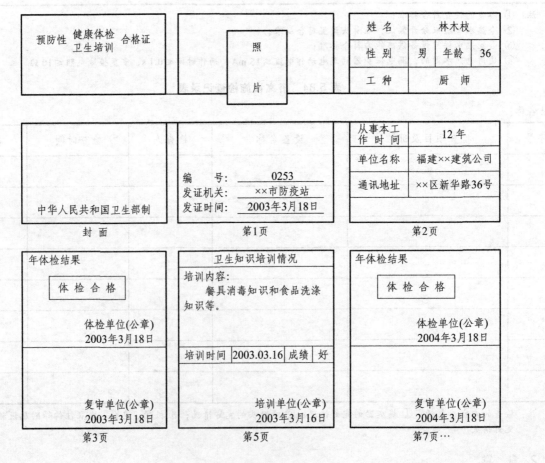

预防性健康体检卫生培训 合格证	照 片	姓 名：林木枝 性 别：男　年龄：36 工 种：厨师

中华人民共和国卫生部制 封　面	编　　号：　0253 发证机关：××市防疫站 发证时间：2003年3月18日 第1页	从事本工作时间：12年 单位名称：福建××建筑公司 通讯地址：××区新华路36号 第2页

年体检结果	卫生知识培训情况	年体检结果
体 检 合 格 体检单位(公章) 2003年3月18日 复审单位(公章) 2003年3月18日 第3页	培训内容： 　餐具消毒知识和食品洗涤知识等。 培训时间 2003.03.16 成绩 好 培训单位(公章) 2003年3月16日 第5页	体 检 合 格 体检单位(公章) 2004年3月18日 复审单位(公章) 2004年3月18日 第7页…

3. 施工现场文明施工检查验收表（参考表 5.85）

表 5.85　施工现场文明施工检查验收表

序号	项　目	检查验收内容	检查验收结果
1	制　度	有文明施工、安全、保卫、防火、环境卫生、社区服务等制度和措施	
2	图牌与安全标志	施工现场进口处应设置整齐、明显的"五牌一图"	
		安全标志应设在醒目及有针对性的地方	
		标牌制作、挂设应规范整齐，字体工整	
3	施工场地	场地应做硬化处理，平整坚实	
		道路平整畅通、不积水，施工场地应有良好的排水措施，排水畅通	
		裸露的场地绿化布置，设有吸烟室	
4	现场围挡	围墙及大门应按规定要求设置，做到坚固、整洁、美观	
		门头应设置企业标志	
		进入施工现场的人员应佩戴工作卡	
5	出入口	按规定设置冲洗设施、排水沟、沉淀池	
6	材料堆放	建筑材料、构件、料具应按施工总平面图规定位置堆放	
		各料堆应挂设名称、品种、规格等标牌，并堆放整齐	
7	现场防火	按规定要求配备灭火器材并配置合理	
		按规定要求办理动火审批手续	
8	保健急救	配备有医务室或保健医药箱及急救器材	
		有经培训的急救人员	
9	现场住宿	在建工程不得兼作住宿	
		施工作业区与办公、生活区有明显划分，并设置导向牌	
		宿舍及办公室应坚固、美观、通风，防火、防潮湿、用电符合有关规定，有消暑和防蚊虫叮咬措施	
		床铺生活用品放置整齐。宿舍周围环境卫生、安全	
10	生活设施	按规定设置各类生活设施，并符合有关安全、卫生、防火等标准的要求	

检查验收意见：	项目负责人	
	技术负责人	
	施　工　员	
年　月　日	安　全　员	

4. 工地治安管理检查记录表（参考表 5.86）

表 5.86 工地治安管理检查记录表

检查内容		检查结果	备注
治安管理责任落实情况	是否签订治安管理责任状（派出所与施工单位、业主）		
	是否建立治安消防组织		
	是否配备专职治安消防员		
治安管理制度建立情况	是否建立门卫、值班、巡查制度		
	是否建立工作、生产等场所的治安管理制度		
	是否建立治安防范教育培训制度		
	是否建立单位内部发生治安案件、涉嫌刑事犯罪案件的报告制度		
治安消防员教育和履行职责情况	是否对保卫人员开展有关法律知识和治安保卫业务、技能以及相关专业知识的培训、考核		
	是否落实本单位的内部治安保卫制度和治安防范措施		
	是否检查进入本单位人员的证件，登记出入的物品和车辆；是否对晚归（晚上 10 点至凌晨 6 点期间）职工进行登记，严防酗酒职工打架滋事		
	是否在单位范围内进行治安防范巡逻和检查，建立巡逻、检查和治安隐患整改记录		
	是否开展维护单位内部的治安秩序，制止发生在本单位内部的职工打架斗殴等违法犯罪行为；对难以制止的违法行为以及发生的治安案件、涉嫌刑事犯罪案件应当立即报警，并采取措施保护现场，配合公安机关的侦查、处置工作		
队伍管理情况	工作人员是否到当地公安派出所登记备案		
	有无职工宣传教育记录		
	职工不得有赌博、打架斗殴等违法犯罪行为		
	职工不得酗酒		
矛盾纠纷调处情况	是否开展矛盾纠纷调处工作		
	有无矛盾纠纷		
突发事件预案制定和演练情况	是否制定突发事件预案		
	有无预案演练记录		
存在隐患			
整改意见			

工地负责人：　　　　　　　检查人：　　　　　　　　　　　检查时间：　　　年　　月　　日

第五节 施工现场消防管理资料

建设工程施工现场是火灾事故易发点，施工现场的防火须遵循国家有关方针、政策。对不同的火灾特点，采取可靠防火措施，防止施工现场火灾事故发生。施工现场根据应《施工现场临时建筑物技术规范》（JGJ/T188—2009）、《建筑施工现场消防安全技术规范》（GB50720—2011）的要求设置各类消防设施。临时用房建筑构件的燃烧性能等级应为A级。当采用金属夹芯板时，其芯材的燃烧性能等级应为A级。临时室外消防给水干管的管径应根据施工现场临时消防用水量和干管内水流计算速度计算确定，且不应小于DN100。其安全管理行为资料包括：

1. 施工现场防火技术方案及应急疏散预案

施工单位应编制防火技术方案及应急疏散预案，并根据现场情况变化进行修改、完善。防火技术方案应包括以下主要内容：施工现场重大火灾危险源辨识；施工现场防火技术措施；临时消防设施、临时疏散设施配备；临时消防设施和消防警示标识布置图。灭火及应急疏散预案应包括下列主要内容：应急灭火处置机构及各级人员应急处置职责；报警、接警处置的程序和通讯联络的方式；扑救初起火灾的程序和措施；应急疏散及救援的程序和措施。

2. 消防安全教育培训、安全技术交底

施工人员进场时，施工现场的消防安全管理人员应向施工人员进行消防安全教育培训；作业前，应向作业工人进行消防安全技术交底。

3. 消防设施检查

施工现场的消防安全责任人应定期组织消防安全管理人员按照《建筑施工现场消防安全技术规范》（GB50720—2011）相关规定对施工现场的消防安全进行检查（参考表5.87、5.88）。

表 5.87　施工现场消防安全检查表

检查单位：　　　　　　　　　　　　　　　　　　　　　　　　　检查时间：

工程名称			建筑面积	
建设单位				
监理单位				
施工单位				

序号	检查项目		检查标准	检查情况	备注
1	总平面布局	一般规定	施工现场的出入口、围墙、围挡、场内临时道路、给水管网、配电线路敷设等应纳入总平面布局		
			出入口的设置应满足消防车通行的要求，宜布置在不同方向，数量不少于 2 个		
			易燃易爆危险品库房应远离明火作业区、人员集中区、建筑物相对集中区		
			可燃材料堆场等不应布置在架空电力线下		
		防火间距	易燃易爆危险品库房与在建工程的防火间距不应小于 15 m，可燃材料堆场及其加工场、固定动火作业场与在建工程的防护间距不应小于 10 m，其他临时用房、临时设施与在建工程的防火间距不应小于 6 m		
			施工现场主要临时用房、临时设施的防火间距应符合要求		
			当办公用房、宿舍成组布置时，其防火间距应符合：每组临时用房的栋数不应超过 10 栋，组与组之间的防火间距不应小于 8 m，组内临时用房之间的防火间距不应小于 3.5 m（当建筑构件燃烧性能等级为 A 级时，其防火间距可减少到 3 m）		
		消防车道	施工现场应设置临时消防车道，临时消防车道与在建工程、临时用房、可燃材料堆场及其加工场的距离不宜小于 5 m，且不宜大于 40 m		
			临时消防车道的设置宜为环形，车道的净宽度和净空高度不应小于 4 m，应设立指示标识，路基、路面应能承载		
			对建筑高度大于 24 m、单体建筑面积大于 3 000 m² ，超过 10 栋且成组布置的临时用房，临时消防车道应设置环形；不能设置时，应设置符合要求的临时消防救援场地		
2	建筑防火	临时用房防火	建筑构件或采用金属夹芯板其芯材的燃烧性能等级应为 A 级		
			建筑层数不应超过 3 层，每层建筑面积不应大于 300 m² ；层数为 3 层或每层建筑面积大于 300 m² 时，应设置至少 2 部疏散楼梯，疏散门至疏散楼梯的最大距离不应大于 25 m		
			疏散走道的净宽度应符合：单面布置用房时，不应小于 1 m；双面布置用房时，不小于 1.5 m。疏散楼梯的净宽度不应小于疏散走道的净宽度		
			宿舍房间的建筑面积不应大于 30 m² ，其他房间的建筑面积不宜大于 100 m² ；房间内任一点至最近疏散门的距离不应大于 15 m。房门的净宽度不应小于 0.8 m；房间建筑面积超过 50 m² 的，房门的净宽度不应小于 1.2 m		
			发电机房、变配电房、厨房操作间、锅炉房、可燃材料库房及易燃易爆危险品库房的防火设计应符合相应的要求		

序号	检查项目		检查标准	检查情况	备注
2	建筑防火	在建工程防火	其临时疏散通道应采用不燃、难燃材料,并应与在建工程结构施工同步设置。其设置应符合:耐火极限不应低于 0.5 h。设置在地面的临时疏散通道,净宽度不应小于 1.5 m;利用在建工程施工完毕的楼梯、水平结构,净宽度不宜小于 1.0 m;用于疏散的爬梯及设置在脚手架上的临时疏散通道,净宽度不应小于 0.6 m。疏散通道为坡度不大于25°的坡道,不宜采用爬梯,确需采用时应加固。通道应设置明显的疏散标识及照明设施;当其设置在脚手架上时,脚手架应采用不燃材料		
			既有建筑改扩建时,必须分区。施工区不得营业、使用和居住;非施工区继续营业、使用和居住时应符合规范要求		
			高层建筑、既有建筑改造工程外脚手架、支模架的架体应采用不燃烧材料搭设,其余架体宜采用不燃或难燃材料搭设		
			高层建筑、既有建筑、临时疏散通道的安全防护网应采用阻燃型安全防护网		
			临时场所已设置明显的疏散指示标识,作业层的醒目位置应设置安全疏散示意图		
3	临时消防设施	一般规定	临时消防设施应与在建工程施工同步设置,差距不超过3层。在建工程可利用已具备使用条件的永久性消防设施作为临时消防设施;当永久消防设施不满足使用要求时,应增设临时消防设施。地下工程的施工作业场所宜配备防毒面具,临时消防给水系统应设置醒目标识		
			施工现场的消火栓泵应采用专用消防配电线路,专用消防配电线路应自施工现场总配电箱的总断路器上端接入,且应保持不间断供电		
		灭火器	在建工程及临时用房的规定场所都应配备灭火器,灭火器的配置数量、最大保护距离应符合规定要求		
		临时消防给水系统	临时室外消防用水量根据临时用房、在建工程的临时室外消防用水量较大者选用,且临时室外消防给水系统的设置应符合规定要求,消防管管径不小于 DN100		
			当建筑高度大于 24 m 或单体面积超过 30 000 m² 的在建工程应设置临时室内消防给水系统,且消防管管径不小于 DN100		
		应急照明	自备发电机房、变配电房、水泵房、无天然采光的作业场所和高度超过 100 m 的在建工程等场所应配备临时应急照明		
4	防火管理	一般规定	施工单位应建立消防安全管理组织机构及消防安全管理制度,确定消防安全负责人及管理人员,编制施工现场防火技术方案及应急疏散预案		
			消防安全管理人员应进行消防安全教育与培训,作业前应对作业人员进行消防安全技术交底		
			消防安全负责人应定期组织消防安全管理人员进行消防安全检查并应做好相关记录,定期开展灭火及应急疏散的演练		
		可燃易燃易爆险品管理	在建工程的保温、防水、装饰及防腐材料的燃烧性能等级应符合设计要求,室内使用的易挥发产生易燃气体的物质作业时应保持良好通风,严禁明火,避免静电、可燃材料及易燃易爆危险品堆放应符合要求并应设置严禁明火标志		
		用火用电用气管理	施工现场用火应办理动火许可证,动火人员应具有资格,裸露的可燃材料上严禁直接动火,遇五级以上风力天气时应停止焊接、切割等,具有火灾、爆炸危险的场所严禁明火。施工现场用电严禁私自改装现场共用电设施,用电应符合规范要求。氧气瓶、乙炔瓶的存放和使用应具有足够的安全距离		
		其他			

表 5.88　消防设施日常检查表

辖区		负责人					
		检查人					
检查部位							
项目	标准	1月	2月	3月	4月	5月	6月
灭火器	压力是否正常,是否到检修、充装期						
消防栓	水枪、水带是否完好						
应急照明	设置到位,完好、有效						
用火、用电	安全措施落实,无违章、隐患						
消防重点部位	管理到位,无违章、隐患						
辖区		负责人					
		检查人					
检查部位							
项目	标准	7月	8月	9月	10月	11月	12月
灭火器	压力是否正常,是否到检修、充装期						
消防栓	水枪、水带是否完好						
应急照明	设置到位,完好、有效						
用火、用电	安全措施落实,无违章、隐患						
消防重点部位	管理到位,无违章、隐患						

备注:①月对设施检查一次;②检查记录填写详细;③每半年更换一次。

4. 用火、用电、用气管理

动火作业前应办理动火许可证,操作人员应具有相应资格等;施工现场用电设施的设计、施工、运行和围护应符合现行国家标准《建设工程施工现场供用电安全规范》(GB50194)的规定(参考表5.89~表5.91);在施工现场使用气瓶前,应检查气瓶及气瓶复检的完好性等。

表 5.89　一级动火许可证

单位名称			
工程名称			
动火部位			
动火时间	月　日　时　分　至　月　日　时　分		
动火须知	1. 禁火区域内：油罐、油箱、油槽车和储存可燃气体或易燃液体的容器以及连接在一起的辅助设备，各种受压设备，危险性较大的登高焊、割作业，比较密封的室内，容器内，地下室等场所，均属一级动火。 2. 一级动火申请应在一周前提出，期满应重新办证，批准最长期限为一天，否则视为无证动火。 3. 一级动火作业由所在单位主管防火工作的负责人填写，经批准后方可动火。施方案，报上一级主管及所在地区消防部门审批，动火监护人及存根。 4. 本表一式三联：动火人、动火监护人及存根。		安 全 技 术 措 施 方 案
监护人姓名		灭火器材名称及数量	
批准人姓名			
焊工姓名			
申请动火人签名：		日期：	
		日期：	

表 5.90　二级动火许可证

单位名称		工程名称			
动火须知	1. 在具有一定危险因素的非禁火区域内进行临时焊割等、小型油箱等容器内、登高焊割等动火作业均属二级动火作业。 2. 二级动火作业申请人应在动火前四天内提出，批准最长期限为三天，期满应重新办证。 3. 二级动火作业由所在单位项目负责人填写，并附上安全技术措施方案，报本单位主管部门审批，经批准后方可动火。 4. 本表一式三联：动火人、动火监护人及存根。	动火部位			
		动火时间	月　日　时　分　至　月　日　时　分		
		安全技术措施方案			
焊工姓名		监护人姓名		灭火器材名称及数量	
申请动火人签名： 日期：		批准人姓名		日期：	

表 5.91　三级动火许可证

单位名称			
工程名称			
动火部位			
动火时间	月　日　时　分 至	月　日　时　分	
安全技术措施方案			
监护人姓名		灭火器材名称及数量：	
批准人姓名		日期：	
焊工姓名			
申请动火人签名：		日期：	

动火须知
1. 在非固定的、无明显危险因素的场所进行动火作业等均属三级动火。
2. 三级动火申请人应在动火前三天内提出，批准最长期限为七天，期满应重新办证，否则视为无证动火。
3. 三级动火作业由所在班组填写，经本单位项目施工负责人审查批准后方可动火。
4. 本表一式三联：动火人、动火监护人及存根。

第六章 安全监督相关资料

一、安全监督备案表、施工现场及毗邻区域内有关资料的交接证明材料表一览表

安全监督备案表、施工现场及毗邻区域内有关资料的交接证明材料表一览表一式四份，建筑施工现场应同监理、建设单位共同留存"建筑施工现场安全监督备案表"及"施工现场及毗邻区域内有关资料的交接证明材料表一览表"，参考表6.1、6.2。

表 6.1　建筑施工现场安全监督备案表

备案编号				备案日期			
中标编号				项目卡号			
工程名称							
工程地址							
工程造价		结构层数		建筑面积			
基础类型及深度		脚手架种类及架体高度					
建设单位				现场代表		姓名	
						电话	
监理单位				项目总监		姓名	
						电话	
施工单位				安全生产许可证书号			
	姓名	安全生产能力考核证书号	电话	安全员	姓名	安全生产能力考核证书号	
项目经理							
安全工程师							
开工日期				竣工日期			
经办人			联系电话				
备注							

注：本表一式四份，建设单位、监理单位、施工单位、安监部门各持一份，并加盖建设单位、施工单位、监理单位公章。

表6.2　施工现场及毗邻区域内有关资料的交接证明材料表一览表

序号	材料名称		份　数	备　注
1	给水管线			
2	排水	污水管线		
		雨水管线		
		雨污合流管线		
3	燃气	煤气管线		
		液化气管线		
		天然气管线		
4	工业	乙炔管线		
		石油管线		
5	热力	蒸汽管线		
		热水管线		
6	电力	供电管线		
		路灯管线		
		电车管线		
		交通信号管线		
7	电信	电话管线		
		广播管线		
		有线电视管线		
		光纤管线		
8	建筑物			
	构筑物			
	地下工程			

查明资料情况：　　　　　　建设单位（公章）	资料交接情况：　　　　　　施工单位（公章）
现场代表：　　　　年　　月　　日	项目经理：　　　　年　　月　　日

由建设单位负责施工现场及毗邻区域地下管线、相邻建筑物与构筑物、地下工程的水文地质情况调查，也可委托具有相应资质的专业单位进行。本表一式四份，建设单位、监理单位、施工单位、安监站各持一份，并加盖建设单位、施工单位公章。

二、施工过程监督检查文书

安全监督机构根据《中华人民共和国建筑法》、《中华人民共和国安全生产法》、《建设工程安全生产管理条例》、《四川省建筑施工现场安全监督检查暂行办法》、《成都市房屋建筑和市政基础设施工程施工安全监督管理规定》等法律法规及文件对建筑施工现场安全进行监督检查，根据存在的问题下达各种处理文书。施工企业应根据这些处理文书及时进行整改，完成后交整改报告，并留存文书。

1. 限期整改通知书

限期整改通知书

_____（单位名称）：

你单位参建的 _____（工程名称），经抽查发现存在以下问题：_____

_____

_____

_____。

上述问题，违反了以下法律法规，标准规范或规范性文件的规定：_____

_____

_____

_____

_____。

请你单位对上述的问题立即进行改正。整改完毕后，请将整改完成的相关资料于_____年

_____月_____日前报送我单位。

（监督机构盖章）

_____年____月____日

2. 停工整改通知书

停工整改通知书

_____（单位名称）：

你单位参建的 _____（工程名称），经抽查发现存在以下问题：_____

_____

_____。

上述问题，违反了以下法律法规，标准规范或规范性文件的规定：_____

_____

_____

_____。

请你单位于_____年___月___日起，在_____范围内停止施工，上述的问题立即进行

改正。整改完毕，请将整改完成的相关资料于_____年_____月_____日前报送我单位。并提出

恢复施工申请。经我单位复查通知后，方可恢复施工。

（监督机构盖章）

_____年___月____日

3. 隐患整改情况报告

建筑工程×隐患整改情况报告

××××监督站：

经贵站　　年　　月　　日检查，我公司××工地存在的问题，现已整改，并经公司复查。现将整改情况报告如下：

一、行为管理方面：

1.

2.

二、土建方面：

1.

2.

三、机电方面：

1.

2.

文明施工：

1.

2.

对以上情况，并请核查。

项目负责人：

施工单位负责人：　　　　　　　　　　　　　　　（施工单位盖章）

建设单位对上述整改的核查意见；　　　　　　　　（建设单位盖章）

建设单位安全管理负责人；

监理对上述整改的核查意见：　　　　　　　　　　（监理单位盖章）

总监理工程师：

注：本报表一式二联：一联自存，二联安监站保存

4. 恢复施工通知书

恢复施工通知书

＿＿＿＿＿＿＿＿＿＿＿＿＿＿＿＿＿＿（单位名称）：

你单位参建的 ＿＿＿＿＿＿＿＿＿＿＿＿＿＿（工程名称），因存在重大安全生产隐患，被我单位责令自＿＿＿＿年＿＿月＿＿日起停工整改。

现经我单位复查，已达到继续施工的条件，准予自＿＿年＿＿＿月＿＿＿日时起恢复施工。

（监督机构盖章）

＿＿＿＿年＿＿月＿＿＿日

三、综合评价

施工单位完成施工合同内容，项目各方责任主体进行验收后，施工单位应在 5 个工作日内到安全监督机构领取"单位工程安全综合评价书"，办理该工程的综合评价。该表一式三份。其中第一页、第二页由施工单位填写，第三页由安全监督机构填写。第一页"证书编号"由安全监督机构填写。第二页"施工单位自评"栏内由施工单位根据日常的自检自查汇总表填写，并计算各次平均分。"等级"一栏根据平均分的不同如下填写：70 分以下（不含 70）为不合格，70～80（不含 80）分为合格，80 分以上为优良。

单位工程安全文明施工
综合评价书

证书编号：_____　　安监编号：_____

工程名称：_____

工程地点：_____

施工单位：_____（盖章）

项目经理：_____　　安　全　员：_____

建设单位：_____（盖章）

监理单位：_____（盖章）

工程概况							
工程名称							
建筑面积			工程造价			结构层数	
项目经理	姓　名			安全员	姓　名		
	证书号				证书号		
施工许可证号							
施工分包单位							
开工日期				竣工日期			

	序	自检日期	形象进度	得分	序	自检日期	形象进度	得分
施工单位自评	1				7			
	2				8			
	3				9			
	4				10			
	5				11			
	6				12			
	各次评价平均分				自评等级			

工程自评意见：

（公章）

法定代表人签名：　　　　　　　　　　　　　　　　　　　　　　　年　月　日

事故情况	伤亡人数	事故类别	发生时间、简要经过和主要责任
	经济损失	事故等级	

续表

	序号	抽查日期	形象进度	抽查得分	评价等级	备注
安监机构各次抽查记录表（监督机构填写）	1					
	2					
	3					
	4					
	5					
	6					
	7					
	8					
	9					
	10					
	安全生产管理制度审查情况			各次评价平均分		

工程总体评价意见	
	工程总体评价等级： （监督机构公章）
	经办人：　　　　管理科科长：　　　　监督站站长： 　　　　　　　　　　　　　　　　　　年　　月　　日

成都市建设工程安全检查表（综合评价）

安监编号：

工程名称				建筑面积		m²	结构层数	
工程地址				项目经理				
施工单位				开工日期			完工日期	
企业自评等级	基础施工评价	主体施工评价	装饰施工评价	安监机构评价等级	基础施工评价		主体施工评价	装饰施工评价
企业自评意见	负责人（签字）：　　　　　　　　　　　　　　施工企业（盖章） 　　　　　　　　　　　　　　　　　　　　　年　　月　　日							
监督机构评价意见	负责人（签字）：　　　　　　　　　　　　　　监督单位（盖章） 　　　　　　　　　　　　　　　　　　　　　年　　月　　日							

注：① 此表一式两份，施工单位、监督单位各一份。
　　② 表中"企业自评等级"一栏内结论为三种：各阶段平均分70分（不包含70分）以下为不合格，70～80分（不包含80分）为合格，80分以上为优良。"企业自评意见"一栏内由企业负责人根据平常检查情况填写，并签字。

四、建设项目安全文明施工评价得分及措施费费率核定表

施工单位完成施工合同内容，项目各方责任主体进行验收后，施工单位在领取"单位工程安全综合评价书"的同时领取"建设项目安全文明施工评价得分及措施费费率核定表"，对施工现场安全文明施工管理进行评分，并进行费率的测定。对于2011年4月1日之前开工的工程费率核定按照成建委发〔2006〕701号文件进行测定；对于2011年4月1日起之后的工程费率核定按照成建委发〔2011〕289号文件进行测定。（2011年4月1日指的是合同在成都市造价站备案的时间）

成都市建设工程安全文明施工评价得分及措施费费率核定表

工程名称_____

建设单位_____

施工单位_____

监理单位_____

填表注意事项

　　一、凡在成都市行政区域内施工的建设工程计取安全文明施工费，需填本表。本表可从"成都建信"下载（www.cdcin.com）。

　　二、本表不得使用铅笔（或圆珠笔）填写，复印件须盖鲜章。

　　三、本表封面上的单位名称需填写全称。第一页由施工单位填写，建设单位、监理单位复核；第二页由施工安全监督机构和措施费费率核定机构填写。安全文明施工措施费计取的具体标准按《四川省建设工程安全文明施工费计价管理办法》执行，其中：

　　1. 发包范围是指施工合同约定的发、承包范围，如土建工程、装饰工程、水电安装工程等。

　　2. 计价方式指工程造价的计算方式，如工程量清单计价、2 000 定额计价、平方米包干价等。

　　3. 工程特征简述中应将承包项目的主要特征作描述，如建筑物高度、层数以及结构类型，道路工程的长度、宽度及面层用料，排水主管的长度、管径和材质等。

　　四、本表一式四份，由施工单位、建设单位、安全监督机构、安全文明施工费费率核定机构各存一份。

建设项目安全文明施工评价得分及措施费费率核定表

项目名称			安监编号		
工程地址			发包范围		
工程特征简述			计价方式		
建设规模		合同价/万元	开工日期	竣工日期	
建设单位			现场代表		
监理单位			项目总监		
施工单位			项目经理		

现场自评评价情况						
序号	施工形象进度	自评结论（分）	报送时间	整改结论（分）	整改后报送时间	各次评价的平均分
1						
2						
3						
4						
5						
6						
7						
8						
9						
10						

施工单位（盖章） 法定代表人或授权代理人签字 　年　月　日	建设单位（盖章） 法定代表人或授权代理人签字 　年　月　日	监理单位（盖章） 现场总监签字 　年　月　日

报送单位		报送人及联系电话	

第一页

分值调整情况					
加分情况	加分原因	加分时间	证明材料	加分	合计加分
减分情况	减分原因	减分时间	证明材料	减分	合计减分

施工期间承包人是否发生一般及以上生产安全事故		工地地面是否做硬化处理		合计加减分	最终分值

安全监督管理机构意见	（盖章） 年　　月　　日

项　目	安全文明施工措施费费率 计费基础	安全施工费	文明施工费	临时设施费
基本费费率/%	定额人工费/清单人工费			
	定额直接费			
	包干价			
现场评价费费率/%	定额人工费/清单人工费			
	定额直接费			
	包干价			
总费率/%	定额人工费/清单人工费			
	定额直接费			
	包干价			
安全文明施工费费率核定机构意见	（盖章） 年　　月　　日			

注：清单人工费系指分部分项工程量清单项目定额人工费，工程量清单招标工程，以清单人工费为计费基础；定额人工费和定额直接费是以 2000 定额为计价方式，确定费率时按需要选择。

第二页

本表用于合同备案时间在 2011 年 4 月 1 日前的工程。

成都市建设工程安全文明施工评价得分及措施费费率核定表

工程名称_____

建设单位_____

施工单位_____

监理单位_____

成都市城乡建设委员会制

填表注意事项

一、凡在成都市行政区域内施工的建设工程计取安全文明施工费，需填本表。本表可从"成都建信"下载（www.cdcin.com）。

二、本表不得使用铅笔（或圆珠笔）填写，复印件须盖鲜章。

三、本表封面上的单位名称需填写全称。第一页由施工单位填写，建设单位、监理单位复核；第二页由施工安全监督机构和措施费费率核定机构填写。安全文明施工措施费计取的具体标准按《四川省建设工程安全文明施工费计价管理办法》执行，其中：

1. 发包范围是指施工合同约定的发、承包范围，如土建工程、装饰工程、水电安装工程等。

2. 计价方式指工程造价的计算方式，如工程量清单计价、2 000 定额计价、平方米包干价等。

3. 工程特征简述中应将承包项目的主要特征作描述，如建筑物高度、层数以及结构类型，道路工程的长度、宽度及面层用料，排水主管的长度、管径和材质等。

四、本表一式四份，由施工单位、建设单位、安全监督机构、安全文明施工费费率核定机构各存一份。

建设项目安全文明施工评价得分及措施费费率核定表

项目名称				安监编号		
工程地址				发包范围		
工程特征简述				计价方式		
建设规模		合同价/万元		开工日期	竣工日期	
建设单位				现场代表		
监理单位				项目总监		
施工单位				项目经理		

现场自评评价情况						
序号	施工形象进度	自评结论（分）	报送时间	整改结论（分）	整改后报送时间	各次评价的平均分
1						
2						
3						
4						
5						
6						
7						
8						
9						
10						

施工单位（盖章）	建设单位（盖章）	监理单位（盖章）
法定代表人或授权代理人签字	法定代表人或授权代理人签字	现场总监签字
年　月　日	年　月　日	年　月　日

报送单位		报送人及联系电话	

分值调整情况					
加分情况	加分原因	加分时间	证明材料	加分	合计加分
减分情况	减分原因	减分时间	证明材料	减分	合计减分

施工期间承包人是否发生一般及以上生产安全事故		工地地面是否做硬化处理	合计加减分	最终分值
工程是否不办施工许可，不纳入现场评价		是□否□	是否评为市（省）标化工地	是□否□
工程是否未纳入总包安全管理，也不单独现场评价		是□否□	安监现场评价是否为优良	是□否□

安全监督管理机构意见							
					（盖章） 年 月 日		

项 目	安全文明施工措施费费率 计费基础	环境保护费	安全施工费	文明施工费	临时设施费
基本费费率（%）	定额人工费/清单人工费				
	定额直接费				
	包干价				
现场评价费费率（%）	定额人工费/清单人工费				
	定额直接费				
	包干价				
总费率（%）	定额人工费/清单人工费				
	定额直接费				
	包干价				

安全文明施工费费率核定机构意见	
	（盖章） 年 月 日

说明：清单人工费系指分部分项工程量清单项目定额人工费，工程量清单招标工程，以清单人工费为计费基础；
定额人工费和定额直接费是以 2 000 定额为计价方式，确定费率时按需要选择。

第七章　其　他

一、建筑起重机械提供单位安全内业管理

（1）建筑施工项目的设备提供商应向建设、监理和施工单位提供生产许可证、产品合格证书以及强制性认证、核准、许可证书。

（2）建筑起重机械的提供单位应建立建筑起重机械安全技术档案，主要包括：

① 购销合同、制造许可证、产品合格证、制造监督检验证明、安装使用说明书、备案证明等原始资料。

② 定期检验报告、定期自行检查记录、定期维护保养记录、维修与技术改造记录、运行故障与生产安全事故记录、累计运转记录等运行资料。

③ 历次安装验收资料。

（3）建筑起重机械安装单位和使用单位应当在签订的建筑起重机械安装、拆卸合同中明确双方的安全生产责任。实行施工总承包的，施工总承包单位应当与安装单位签订建筑起重机械安装、拆卸工程安全协议书。

（4）建筑起重机械安装单位应提供以下的安全内业资料：

① 签字确认的组织安全施工技术交底。

② 制定建筑起重机械安装、拆卸工程生产安全事故应急救援预案。

③ 将建筑起重机械安装、拆卸工程专项施工方案，安装、拆卸人员名单，安装、拆卸时间，经施工总承包单位和监理单位审核后，告知工程所在地建设主管部门。

二、租赁单位的安全内业管理

（1）建筑施工项目的出租设备单位，应向项目的建设、监理以及施工单位提供出租设备的生产（制造）许可证、产品合格证以及产品检测合格证明。

（2）起重设备的租赁单位，除了提供上述资料外，还应提供设备安装、使用说明书、备案证明和上一年（次）由具有相应施工机械检测资质的部门出具的检测报告。

（3）租赁设备的使用单位应提供在用的建筑起重机械及其安全保护装置、吊具、索具等的设备的定期检查报告、维护及保养记录。

（4）使用单位在设备租期结束后，应将定期检查、维护和保养记录移交租赁单位。

三、安装、拆卸单位的安全内业管理

（1）安装、拆卸建筑起重机械及自升式架设设施的单位应该向建筑项目的建设单位、施工单位以及监理单位提供本单位的资质证明。

（2）安装、拆卸建筑起重机械及自升式架设设施的单位应向施工单位提供拆装方案、制定安全施工措施，并按程序报相关单位审批，获得审批通过后存档。

（3）安装、拆卸建筑起重机械及自升式架设设施的专业技术人员必须进行现场监督记录，安装、

拆卸施工前，必须对作业人员做好安全技术措施交底记录。并将监督记录和安全交底记录交由施工单位保管。

（4）建筑起重机械及自升式架设设施的安装单位在安装完成后应填写自检记录，向施工单位出具自检合格证明。

（5）建筑起重机械及自升式架设设施安装完成后，安装单位应以书面形式将有关安全性能和使用过程中应注意的安全事项向施工单位作出说明，并填写安全技术交底书。

（6）建筑起重机械及自升式架设设施安装单位应建立安装、拆卸工程档案。包括以下资料：

① 安装、拆卸合同及安全协议书。

② 安装、拆卸工程专项施工方案。

③ 安全施工技术交底的有关资料。

④ 安装工程验收资料。

⑤ 安装、拆卸工程生产安全事故应急救援预案。

四、检验检测单位的安全内业管理

（1）建筑起重机械及自升式架设设施检验检测单位应提供以下能力证明：

① 检验检测人员资历证明、仪器设备的详细说明。

② 检验检测管理制度和检验检测安全责任制度的说明。

（2）建筑起重机械及自升式架设设施检验检测单位应提供检验检测结果中涉及建筑施工安全的详细说明。

（3）检验检测机构应提供建筑起重机械及自升式架设设施安全合格证明文件。

参考文献

[1] 四川省建筑科学研究院. DBJ51/T026—2014　建筑施工塔式起重机及施工升降机报废标准. 成都：西南交通大学出版社，2014.

[2] 天津市建工工程总承包有限公司. JGJ59—2011　建筑施工安全检查标准. 北京：中国建筑工业出版社，2011.

[3] 中华人民共和国住房和城乡建设部. GB 50656—2011　建筑施工企业安全生产管理规范. 北京：中国计划出版社，2011.

[4] 中华人民共和国住房和城乡建设部. JGJ146—2013　建筑施工现场环境与卫生标准. 北京：中国建筑工业出版社，2013.

[5] 北京建工集团有限责任公司. JGJ184—2009　建筑施工作业劳动保护用品配备及使用标准. 北京：中国建筑工业出版社，2009.

[6] 福建科技建筑设计院有限公司. JGJ/T188—2009　施工现场临时建筑物技术规范. 北京：中国建筑工业出版社，2009.

[7] 中国建筑第五工程局有限公司. GB50720—2011　建筑施工现场消防安全技术规范. 北京：中国计划出版社，2011.

[8] 中华人民共和国住房和城乡建设部. GB50497—2009　建筑基坑工程监测技术规范. 北京：中国建筑工业出版社，2009.

[9] 中国建筑技术集团有限公司. JGJT180—2009　建筑施工土石方工程安全技术规范. 北京：中国建筑工业出版社，2009.

[10] 中华人民共和国住房和城乡建设部. JGJ120—2012　建筑基坑支护技术规程.北京：中国建筑工业出版社，2012.

[11] 四川省住房和城乡建设厅. DB51/T5072—2012　成都地区基坑工程安全技术规范. 成都：西南交通大学出版社，2012.

[12] 哈尔滨工业大学. JGJ128—2010　建筑施工门式钢管脚手架安全技术规范. 北京：中国建筑工业出版社，2010.

[13] 中国建筑科学研究院. JGJ130—2011　建筑施工扣件式钢管脚手架安全技术规范. 北京：中国建筑工业出版社，2011.

[14] 中华人民共和国住房和城乡建设部. JGJ166—2008　建筑施工碗扣式钢管脚手架安全技术规范. 北京：中国建筑工业出版社，2008.

[15] 沈阳建筑大学. JGJ162—2008　建筑施工模版安全技术规程. 北京：中国建筑工业出版社，2008.

[16] 宏润建设集团股份有限公司. JGJ/T194—2009　钢管满堂支架预压技术规程. 北京：中国建筑工业出版社，2009.

[17] 上海市建筑施工技术研究所. JGJ80—91　建筑施工高处作业安全技术规范. 北京：中国计划出版社，1999.

[18] 中华人民共和国建设部. JGJ46—2005　施工现场临时用电安全技术规范. 北京：中国建筑工业出版社，2009.

[19] 中国建筑业协会加些管理与租赁分会. JGJ160—2008 施工现场机械设备检查技术规程. 北京：
      中国建筑工业出版社，2008.

[20] 上海建工设计研究院有限公司. JGJ196—2010   建筑施工塔式起重机安装、使用、拆卸安全技
      术规程. 北京：中国建筑工业出版社，2010.

[21] 天津市建工集团（控股）有限公司. JGJ88—2010   龙门架及井架物料提升机安全技术规范. 北
      京：中国建筑工业出版社，2010.

[22] 中国机械工业联合会. GB26557—2011   吊笼有垂直导向的人货两用施工升降机. 北京：中国标
      准出版社，2011.

[23] 江苏省华建建设股份有限公司. JGJ33—2012   建筑机械使用安全技术规程. 北京：中国建筑工
      业出版社出版，2012.

[24] 中华人民共和国住房和城乡建设部. JGJ 94—2008   建筑桩基技术规范. 北京：中国建筑工业出
      版社， 2008.

[25] 黑龙江省建工集团有限责任公司. JGJ 165—2010   地下建筑工程逆作法技术规程. 北京：中国建
      筑工业出版社，2010.

[26] 中国华西企业股份有限公司. GB 50201—2012   土方与爆破工程施工及验收规范. 北京：中国建
      筑工业出版社，2012.

[27] 福建省福建设计研究院. GB 50585—2010   岩土工程勘察安全规范. 北京：中国计划出版社，
      2010.

[28] 中国建筑技术集团有限公司. JGJ 180—2009   建筑施工土石方工程安全技术规范. 北京：中国建
      筑工业出版社，2009.

[29] 陕西省建筑科学研究设计院. GB 50025—2004   湿陷性黄土地区建筑规范. 北京：中国建筑工业
      出版社，2004.

[30] 济南大学. GB50739—2011   复合土钉墙基坑支护技术规范. 北京：中国计划出版社，2011.

[31] 中华人民共和国住房和城乡建设部. JGJ120—2012   建筑基坑支护技术规程. 北京：中国建筑工
      业出版社，2012.

[32] 重庆市设计院. GB50330—2002   建筑边坡工程技术规范. 北京：中国建筑工业出版社，2002.

[33] 陕西省建设工程质量安全监督站. JGJ167—2009   湿陷性黄土地区建筑基坑工程安全技术规程.
      北京：中国建筑工业出版社， 2009.

[34] 中国建筑防水协会. GB50693—2011   坡屋面工程技术规范.北京：中国建筑工业出版社， 2011.

[35] 中华人民共和国建设部. JGJ147—2004   建筑拆除工程安全技术规范. 北京：中国建筑工业出版
      社，2004.

[36] 中国建筑股份有限公司. GB50720—2011   建设工程施工现场消防安全技术规范. 北京：中国计
      划出版社，2011.

[37] 中国建筑业协会机械管理与租赁分会. JGJ 160—2008   施工现场机械设备检查技术规程. 北京：
      中国建筑工业出版社，2008.

[38] 中华人民共和国住房和城乡建设部. JGJ 215—2010   建筑施工升降机安装、使用、拆卸安全技
      术规程. 北京：中国建筑工业出版社，2010.

[39] 鹏达建设集团有限公司. JGJ 266—2011 市政架桥机安全使用技术规程. 北京：中国建筑工业出
      版社，2011.

[40] 国家起重运输机械质量监督检验中心. GB26469—2011   架桥机安全规范. 北京：中国标准出版
      社，2011.

[41]　沈阳建筑大学. JGJ164—2008　建筑施工木脚手架安全技术规范. 北京：中国建筑工业出版社，2008.

[42]　中国建业协会建筑安全分会. JGJ202—2010　建筑施工工具式脚手架安全技术规范. 北京：中国建筑工业出版社，2010.

[43]　南通新华建筑集团有限公司. JGJ231—2010　建筑施工承插型盘扣式钢管支架安全技术规程. 北京：中国建筑工业出版，2010.

[44]　深圳市建设（集团）有限公司. JGJ254—2011　建筑施工竹脚手架安全技术规范. 北京：中国建筑工业出版社，2011.

[45]　中国建筑科学研究院. JGJ96—2011　钢框胶合板模板技术规程. 北京：中国建筑工业出版社，2011.

[46]　江苏江都建设工程有限公司. JGJ195—2010　液压爬升模板工程技术规程. 北京：中国建筑工业出版社，2010.

[47]　中国冶金建设协会. GB50113—2005　滑动模板工程技术规范. 北京：中国计划出版社，2005.

[48]　中国建筑科学研究院建筑机械化研究分院. JGJ 74—2003　建筑工程大模板技术规程. 北京：中国建筑工业出版社，2003.

[49]　中国建筑科学研究院. GB50204—2002　混凝土结构工程施工质量验收规范. 北京：中国建筑工业出版社，2002.

[50]　中国建筑科学研究院. GB50666—2011　混凝土结构工程施工规范. 中国：建筑工业出版社，2011.

[51]　天津大学. JGJ 149—2006　混凝土异形柱结构技术规程. 北京：中国建筑工业出版社，2006.